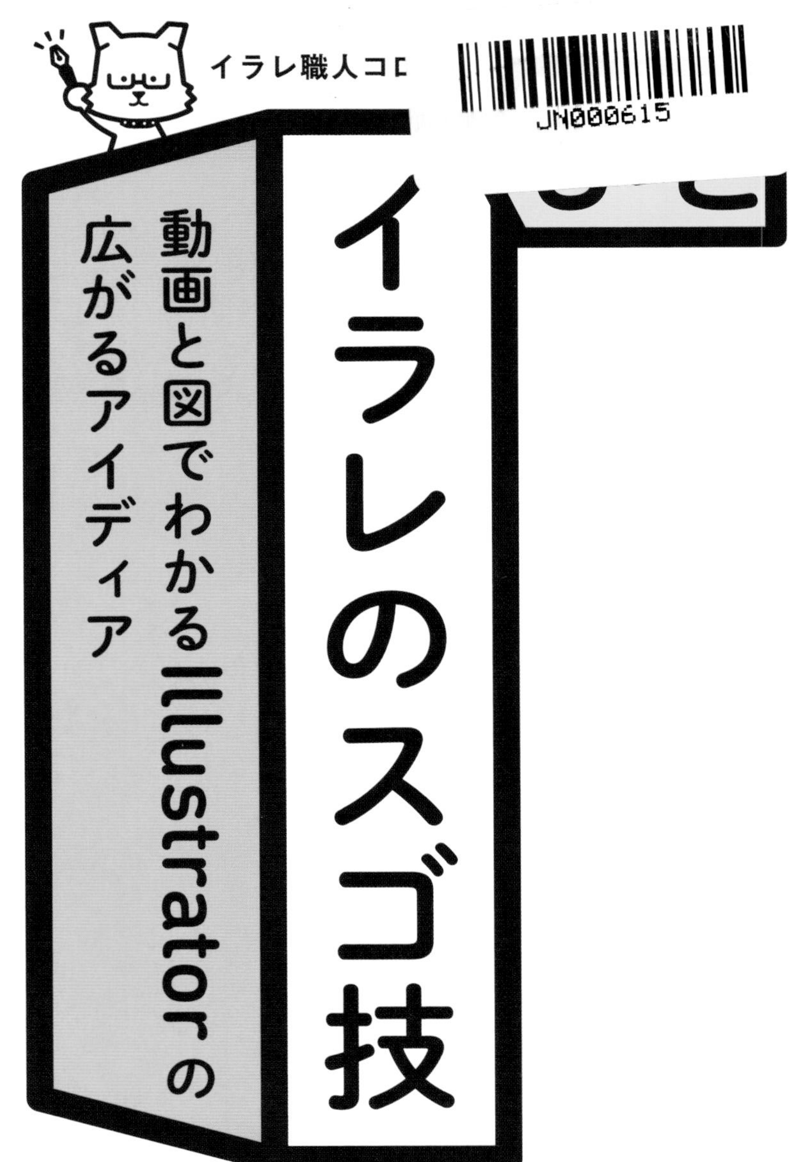

JN000615

技術評論社

こんな人はちょっと待って！

Adobe Illustratorの入門書を探している

本書はある程度の基本操作を学んだ人を対象にした内容となっています。Adobe Illustratorを初めて使用する人は別の書籍をお買い求めください。

iPadでAdobe Illustratorを使用しようとしている

Adobe IllustratorにはPC版とiPad版の2種類があり、本書はPC版を前提とした内容となっています。iPad版では使用できないツールが多数あるのでご注意ください。

免責

本書掲載の画面などは、Adobe Illustrator CC2022を元としています。Windows版、Mac版でキーなどが異なる場合は、それぞれ記載をしています。

本書は、情報の提供のみを目的としています。したがって、本書を用いた運用は、お客様自身の責任と判断によっておこなってください。これらの情報の運用の結果について、技術評論社および著者はいかなる責任も負いません。

※本書に掲載されている内容は、2022年11月現在のものです。以降、技術仕様やバージョンの変更等により、記載されている内容が実際を異なる場合があります。あらかじめご承知おきください。

イラレってこんなに便利だったのか！

「リピート」や「3Dとマテリアル」といった新機能や見知らぬ既存のツールも組み合わせて、驚くほど簡単に作例を作り上げることができるチュートリアル集。おかげさまで第二弾です。

「Illustratorってこんなに便利で楽しいものだったのか！」と思っていただけるような新しいアイディアを、今回もたくさんご用意しました。

※前作『イラレのスゴ技』と内容に関連はないので、本書から読み始めても問題ありません。

この本の使い方

本書は「動画」「図説」「ヒント」「解説」の4パートで構成されています。

RECIPE
01
ハート

初心者向け

ペンツールを使わず、線の設定を活用して描く方法です。線の先っぽの形状を変化させる「線端」を使ってみましょう。

動画でも解説！

014 Chapter 1 イラスト

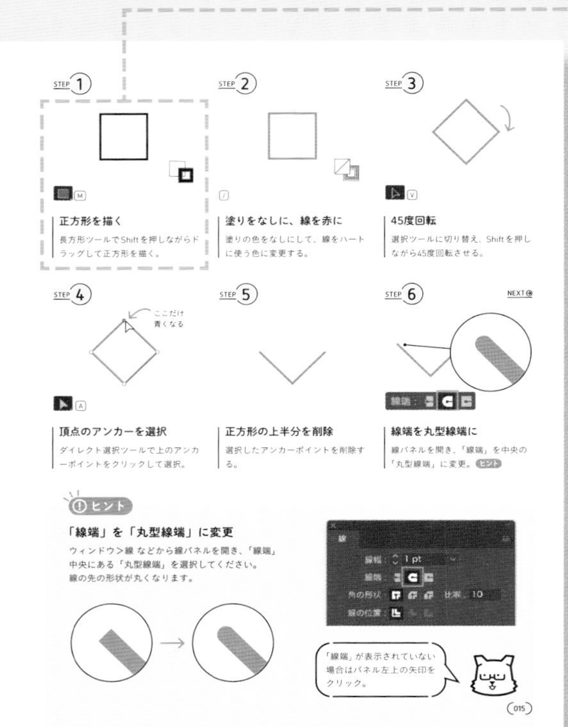
STEP 1
正方形を描く
長方形ツールでShiftを押しながらドラッグして正方形を描く。

STEP 2
塗りをなしに、線を赤に
塗りの色をなしにして、線をハートに使う色に変更する。

STEP 3
45度回転
選択ツールに切り替え、Shiftを押しながら45度回転させる。

STEP 4
ここだけ青くなる
頂点のアンカーを選択
ダイレクト選択ツールで上のアンカーポイントをクリックして選択。

STEP 5
正方形の上半分を削除
選択したアンカーポイントを削除する。

STEP 6
NEXT
線端を丸型線端に
線パネルを開き、「線端」を中央の「丸型線端」に変更。ヒント

ヒント
「線端」を「丸型線端」に変更
ウィンドウ>線 などから線パネルを開き、「線端」中央にある「丸型線端」を選択してください。
線の先の形状が丸くなります。

「線端」が表示されていない場合はパネル左上の矢印をクリック。

015

全レシピに1〜2分の動画つき

QRコードから1〜2分の解説動画『本日のイラレ』を視聴できます。作業の流れを予習したり、図説ではわかりにくかった操作を確認することができます。

PCからも視聴できます

YouTubeチャンネル『イラレ職人コロ』の再生リスト【書籍『もっとイラレのスゴ技』レシピ】に、本書掲載レシピの動画がまとめられています。

線幅を増やしてハート型にする

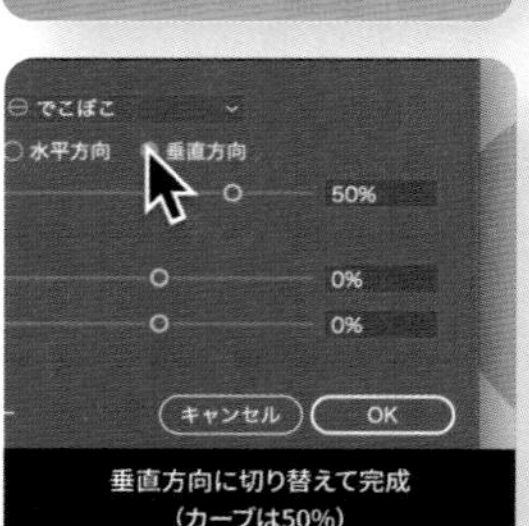

垂直方向に切り替えて完成
（カーブは50%）

図説とヒントでサクサク作れる

使用するツール

使用するツールのアイコンです。Mはそのツールのショートカットキーで、必須ではありませんが覚えておくと便利です。

修飾キー　Shift　Option(Alt)　⌘(Ctrl)

ショートカットを行うためのキーボードのキーです。MacとWindowsで一部が異なっており、(　)内がWindowsです。

メニューやパネルの操作

この場合、画面上のメニューバーから「効果」を開き、「ワープ」の中の「でこぼこ」を使用するという意味です。

ヒントアイコン　ヒント

その手順に関する詳しい説明や図説が、同ページの下にあります。

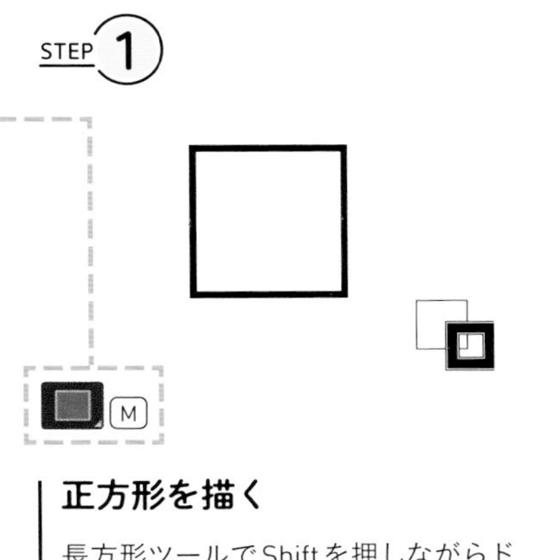

正方形を描く

長方形ツールでShiftを押しながらドラッグして正方形を描く。

効果 でこぼこ を適用

効果＞ワープ＞でこぼこを適用。カーブを垂直方向に50%程度。ヒント

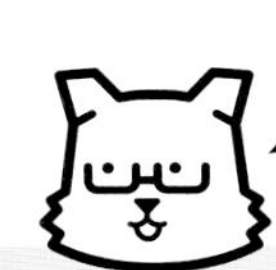

ツールの場所がわからない場合はp.200のツールガイドで確認できます。

解説で理解を深める

作例で使用したツールに関する詳しい解説や作例のアレンジなどの記事が20ページ以上あります。「作って終わり」ではない応用力が身につきます。

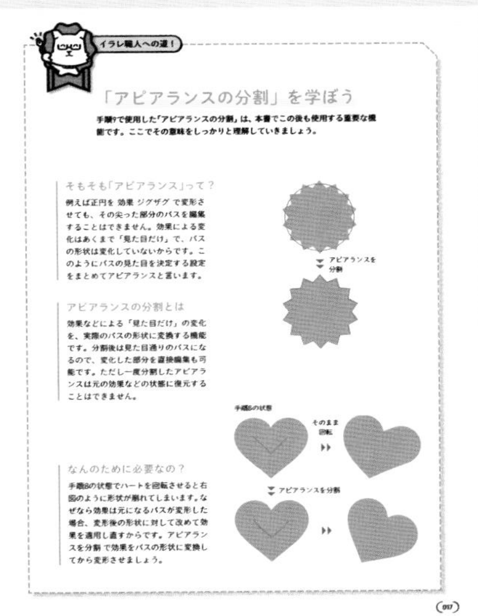

イラレ職人への道！

「アピアランスの分割」を学ぼう

手順9で使用した「アピアランスの分割」は、本書でこの後も使用する重要な機能です。ここでその意味をしっかりと理解していきましょう。

そもそも「アピアランス」って？

例えば正円を 効果 ジグザグ で変形させても、その尖った部分のパスを編集することはできません。効果による変化はあくまで「見た目だけ」で、パスの形状は変化していないからです。このようにパスの見た目を決定する設定をまとめてアピアランスと言います。

アピアランスを分割

アピアランスの分割とは

効果などによる「見た目だけ」の変化を、実際のパスの形状に変換する機能です。分割後は見た目通りのパスになるので、変化した部分を直接編集も可能です。ただし一度分割したアピアランスは元の効果などの状態に復元することはできません。

手順8の状態

そのまま回転

アピアランスを分割

なんのために必要なの？

手順8の状態でハートを回転させると右図のように形状が崩れてしまいます。なぜなら効果は元になるパスが変形した場合、変形後の形状に対して改めて効果を適用し直すからです。アピアランスを分割 で効果をパスの形状に変換してから変形させましょう。

017

作業を始める前に

作業時の混乱を防ぐため、前提となる設定について紹介します。

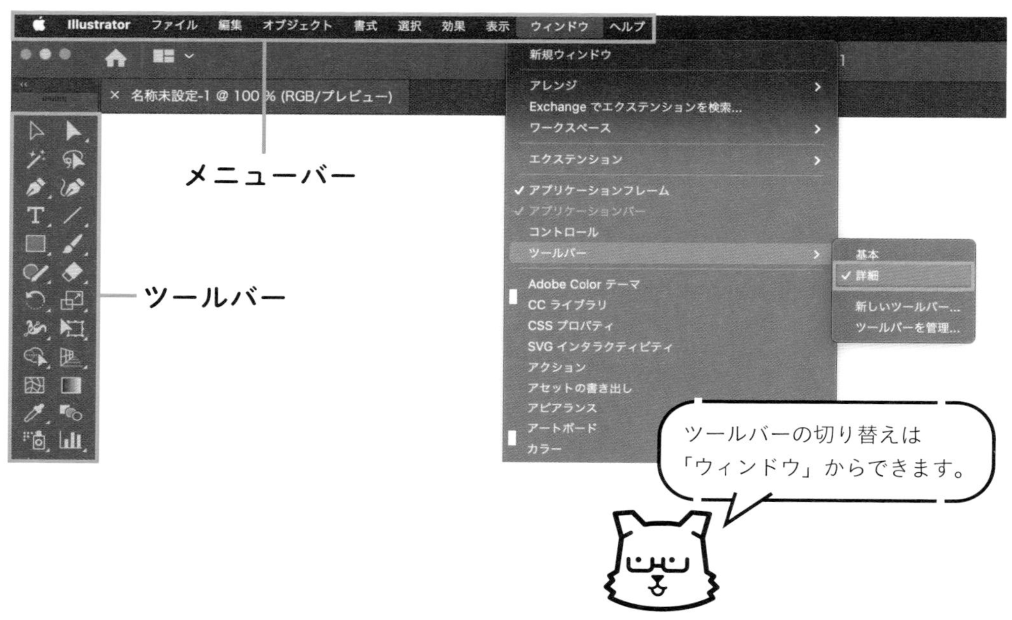

ツールバーは「詳細」にしてください

ツールバーは「基本」と「詳細」の2種類があり、本書では「詳細」を使用します。メニューバーから「ウィンドウ」を開き、「ツールバー」の中から「詳細」を選択してください。

説明はRGBでの制作を前提にしています

本書ではRGB環境での制作を前提にしています。CMYKでも問題はありませんが、数値の単位や効果の解像度などの違いには注意してください。

スマートガイドはオンに、「スナップ」系はオフに

メニューバーから「表示」を開き「スマートガイド」にチェックがついていることを確認してください。同時に「表示」内下部の「グリッドにスナップ」など「〜にスナップ」は全てオフにしてください。

この本の利用について

本書を便利に利用するための確認事項について説明します。

制作したデータは自由にお使いください

本書を参考に作成したデータおよびサポートページで配布しているデータは、仕事での制作やSNSへの投稿などで自由にご利用いただけます。商用利用も可能で、許諾やクレジット表記は不要です。

ツールの場所や使い方を忘れてしまった場合

本書では一度説明したツールの場所や説明を省略していく場合があります。場所を忘れてしまった場合はp.200の「ツールガイド」を、使い方をもう一度読みたい場合はp.202の索引をご利用ください。

サポートページについて

本書のサポートページでは、以下のコンテンツが利用できます。

正誤表

内容の訂正やIllustratorのバージョンアップによる変更があった場合の訂正内容を掲載します。

サンプルデータ

本書で紹介しているレシピの完成品をAiデータでダウンロードできます。データ構造の確認に活用できます。

練習用チェックシート・テンプレート

進捗を記録するチェックシートや、SNS共有用のテンプレートデータを配布しています。ご自由にお使いください。

サポートページへのアクセス方法

(1) 各種検索サイトから「もっとイラレのスゴ技　技術評論社」と検索。
(2) 検索結果から技術評論社の「もっとイラレのスゴ技 動画と図でわかるIllustratorの広がるアイディア」のページを開く。
※URLが https://gihyo.jp>book で始まるページです。
(3)「本書のサポートページ」をクリック。

QRコードからはこちら

Contents
目次

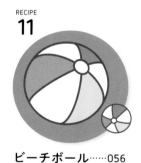

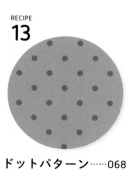

Contents
目次

Chapter 1

イラスト

RECIPE
01
ハート

ペンツールを使わず、線の設定を活用して描く方法です。線の先っぽの形状を変化させる「線端」を使ってみましょう。

動画でも解説！

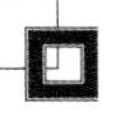

正方形を描く

長方形ツールでShiftを押しながらドラッグして正方形を描く。

塗りをなしに、線を赤に

塗りの色をなしにして、線をハートに使う色に変更する。

45度回転

選択ツールに切り替え、Shiftを押しながら45度回転させる。

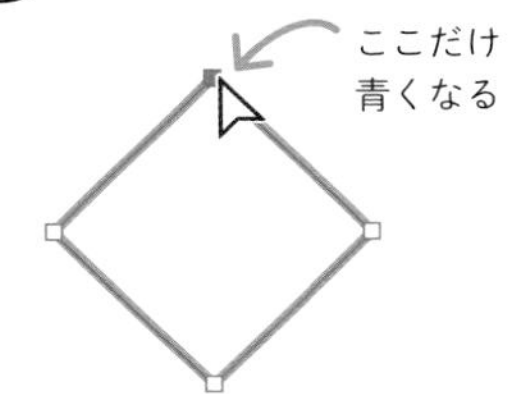

頂点のアンカーを選択

ダイレクト選択ツールで頂点のアンカーポイントをクリックして選択。

正方形の上半分を削除

選択したアンカーポイントを削除する。

NEXT→

線端を丸型線端に

線パネルを開き、「線端」を中央の「丸型線端」に変更。ヒント

ヒント

「線端」を「丸型線端」に変更

ウィンドウ>線 などから線パネルを開き、「線端」中央にある「丸型線端」を選択してください。
線の先の形状が丸くなります。

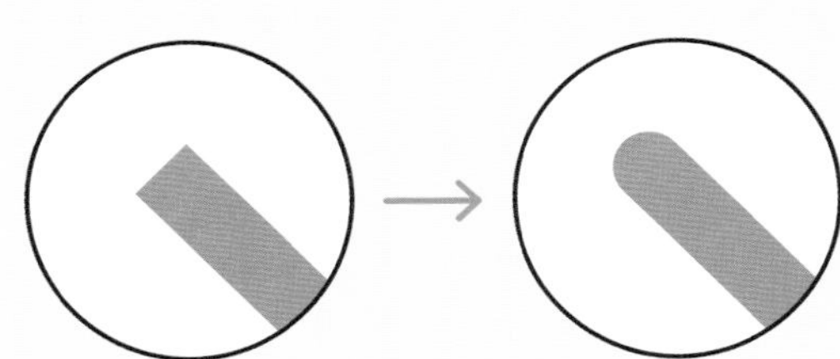

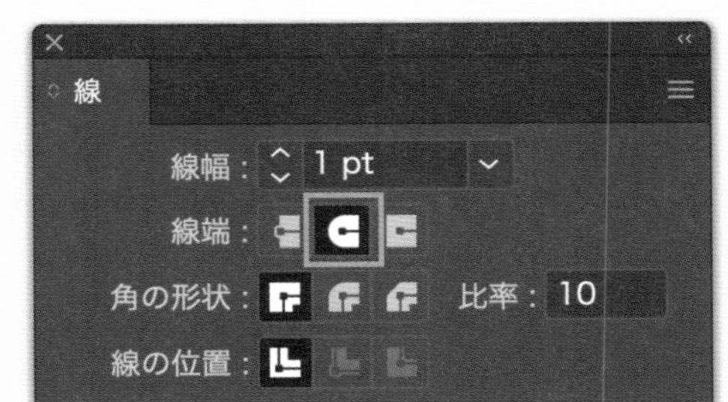

「線端」が表示されていない場合はパネル左上の矢印をクリック。

STEP 7

線幅を太くする

ハートのような形になるまで、線幅を太くする。

STEP 8

効果 でこぼこ を適用

効果＞ワープ＞でこぼこ を、垂直方向にカーブ50%。

STEP 9

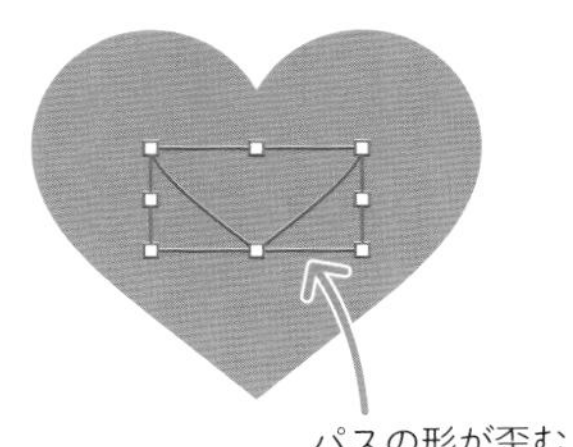

アピアランスを分割

オブジェクト＞アピアランスを分割 を適用し、効果を分割する。

STEP 10

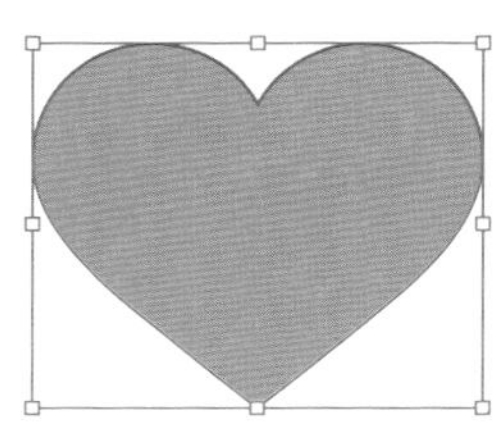

パスのアウトライン

オブジェクト＞パス＞パスのアウトライン を適用して完成。

効果 でこぼこ の数値は好みで微調整してください。

ヒント

効果 ワープ

効果＞ワープ はオブジェクトを指定したスタイルに歪ませる効果です。「カーブ」の数値だけ歪みが大きくなり、マイナスの数値にした場合は逆方向に変形します。

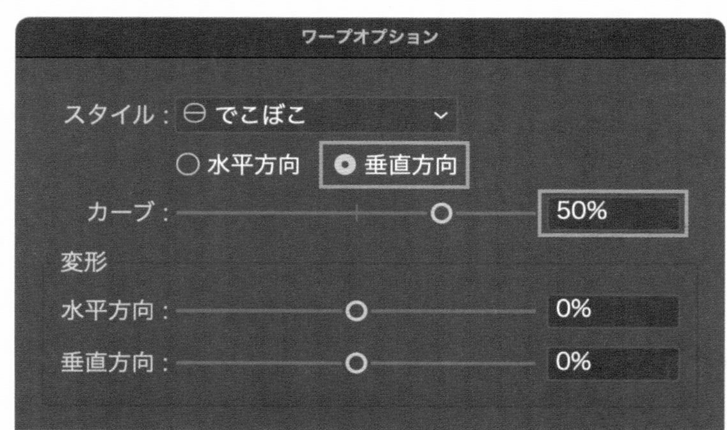

「アピアランスの分割」を学ぼう

手順9で使用した「アピアランスの分割」は、本書でこの後も使用する重要な機能です。ここでその意味をしっかりと理解していきましょう。

「アピアランス」って？

例えば正円を 効果 ジグザグ で変形させても、その尖った部分のパスを編集することはできません。効果による変化はあくまで「見た目だけ」で、パスの形状は変化していないからです。このようにパスの見た目を決定する設定をまとめてアピアランスと言います。

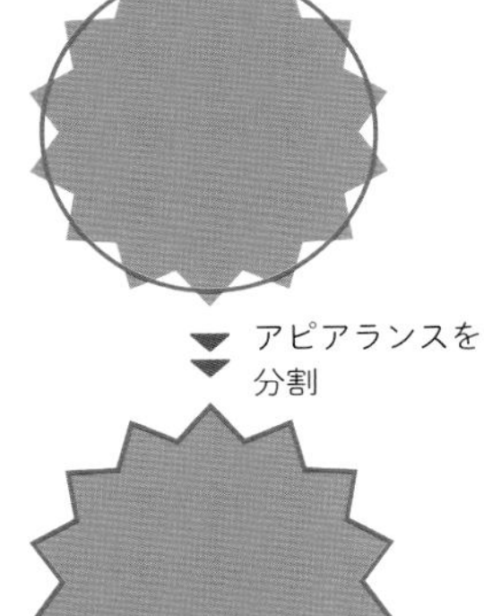

アピアランスの分割とは

効果などによる「見た目だけ」の変化を、見た目通りの形状のパスに変換する機能です。

アピアランスを分割すると効果は削除されます。⌘(Ctrl) + Zでしか元に戻せないので注意！

なんのために必要なの？

手順8の状態でハートを回転させると右図のように形状が崩れてしまいます。なぜなら効果は元になるパスが変形した場合、変形後の形状に対して改めて効果を適用し直すからです。アピアランスを分割 で効果をパスの形状に変換してから変形させましょう。

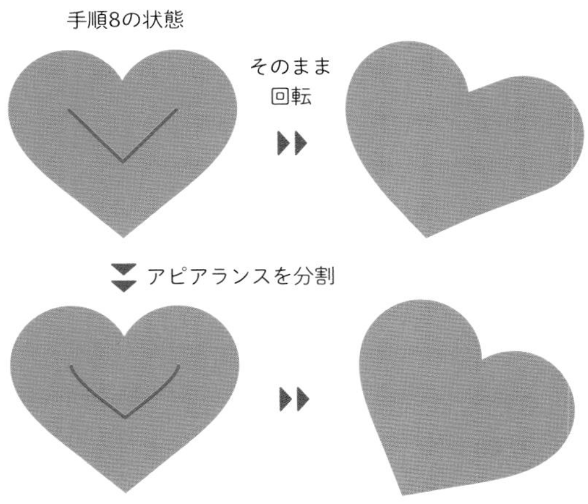

RECIPE
02
桜の花

オブジェクトをぐるっと回転して並べたい時には「リピート」の出番です。コピーの数を簡単に増減できて気持ち良いですよ。

動画でも解説！

楕円を描く

楕円形ツールで縦長の楕円を描く。

アンカーポイントツール

ペンツールのアイコンを長押しし、格納されているアイコンを選択。

楕円の下を尖らせる

アンカーポイントツールで楕円の下のアンカーポイントをクリック。

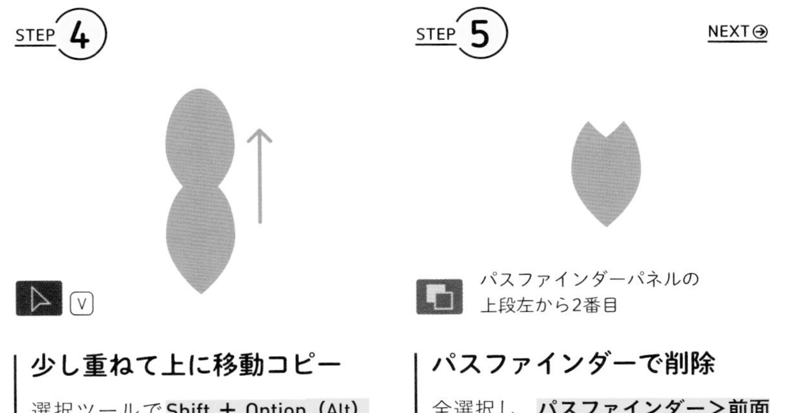

少し重ねて上に移動コピー

選択ツールで**Shift ＋ Option（Alt）**を押しながら上にドラッグ。 ヒント

パスファインダーで削除

全選択し、**パスファインダー＞前面オブジェクトで型抜き**。

コピーと移動を同時に行う

キーボードのOption（Alt）を押しながらオブジェクトを移動させると、移動前のオブジェクトはそのまま残し、移動した状態のコピーが作成されます。(Shiftは移動を垂直方向などに固定する別のショートカットキーです)

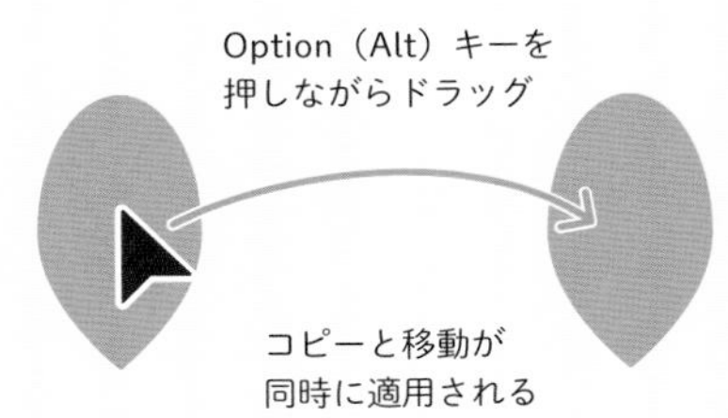

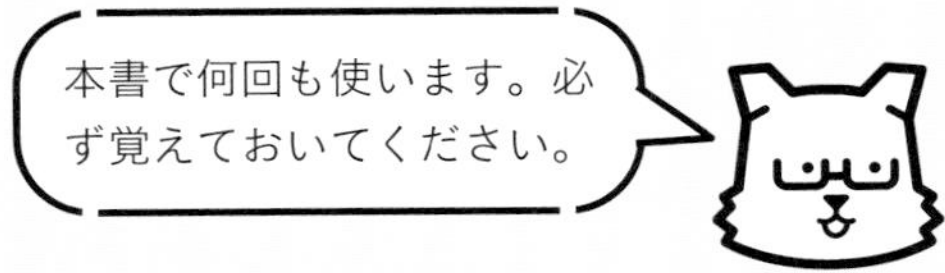

本書で何回も使います。必ず覚えておいてください。

リピート＞ラジアル を適用

選択し、**オブジェクト＞リピート＞ラジアル** 。

STEP 7

インスタンス数を5に

プロパティパネルからインスタンス数を5に変更。ヒント

STEP 8

半径を下げる

プロパティパネルからリピートの半径を小さくする。ヒント

STEP 9

180度回転

Shift を押しながら180度回転させて完成。

最後に オブジェクト＞分割・拡張 を適用すると、リピートを分割して普通のパスと同じになります。

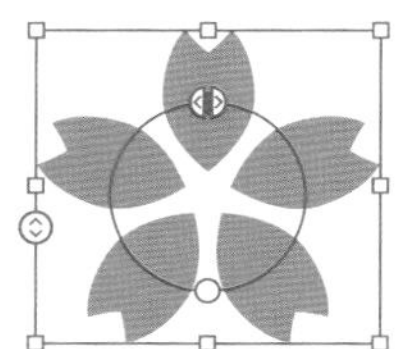

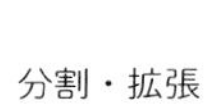

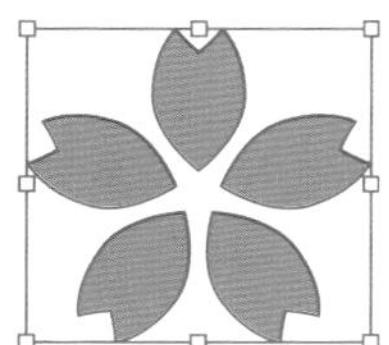

ヒント

リピートの設定方法

リピートしたオブジェクトを選択ツールなどで選択状態にすると、プロパティパネル（ウィンドウ＞プロパティ）に「リピートオプション」が表示されます。
左の「インスタンス数」はリピートで繰り返すオブジェクトの数で、右の「半径」は円状に並べた際の半径の大きさです。

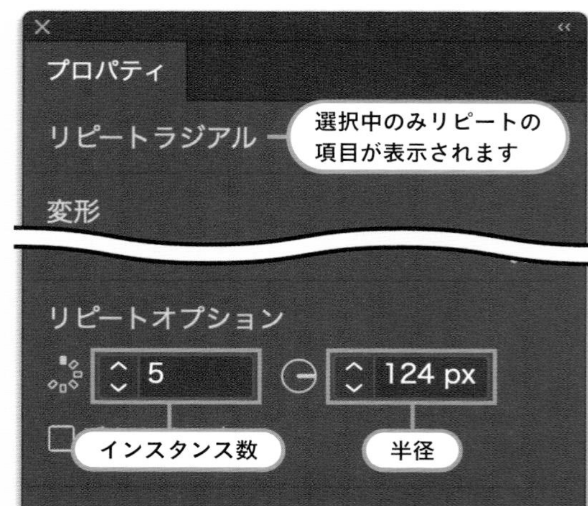

リピート＞ラジアル の基本操作

手順6で使用した「リピート」は、プロパティ以外にもバウンディングボックスから編集もできます。目的に合わせて使い分けていきましょう。

プロパティパネルから編集する

今回のレシピで使用した方法です。リピートを適用したオブジェクトを選択した際、プロパティパネルに「リピートオプション」という設定項目が表示されます。左のインスタンス数がリピートで増やす個数で、右の半径はリピートを並べる円の大きさです。

バウンディングボックスから編集する

リピートを適用したオブジェクトを選択すると、専用のバウンディングボックスが表示されます。中央上にある丸印をドラッグすると半径が編集でき、ボックス右の上下のスライダーでインスタンス数を編集できます。

今回は使用しませんでしたが、中央下の左右のスライダーを円に沿って動かすとインスタンスの一部を削除できます。

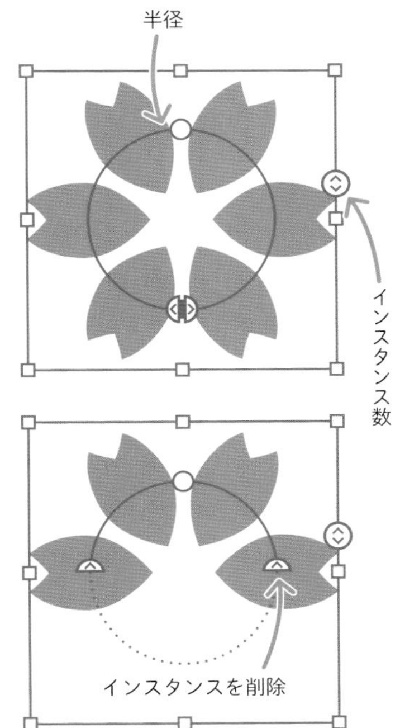

今回プロパティパネルを使った理由

どちらの方法で編集しても問題はありませんが、バウンディングボックスから半径を編集した場合、手動で動かす時にShiftキーで角度をキリの良い数値に固定できません。角度を保ちたい場合はプロパティパネルを活用しましょう。

ちなみにオブジェクトをダブルクリックで、リピートの元になるオブジェクトの編集もできます。

RECIPE

03

ガーランド

パスに沿ってオブジェクトを連続して並べたい時はパターンブラシの出番です。さっと線を引くだけで魔法のようにガーランドが量産できます。

動画でも解説！

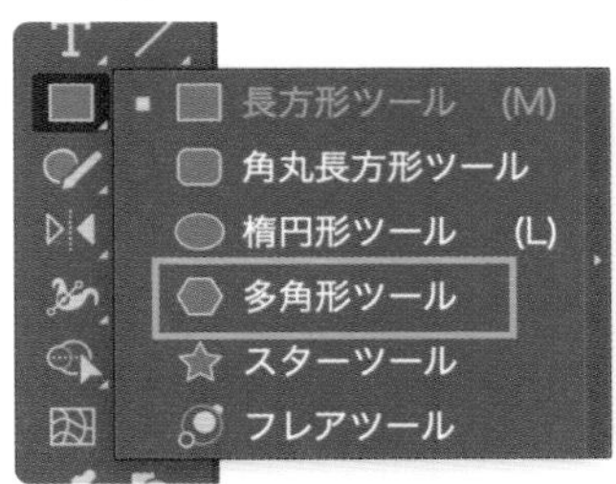

多角形ツールに切替

長方形ツールのアイコンを長押しして選択する。

STEP 2

六角形を描く

多角形ツールで Shift を押しながらドラッグして六角形を描く。

STEP 3

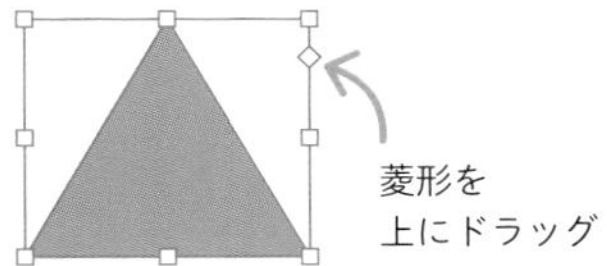

三角形に変形

選択し、バウンディングボックス右の菱形を上にドラッグ。ヒント

V

水平方向に移動コピー

Shift ＋ Option (Alt) を押しながら選択ツールで横に移動コピー。

NEXT

片方の色を変更

片方の三角形の塗りの色を変更。

ヒント

角の数を変更する

一度六角形を描き、選択した際に表示されるバウンディングボックス右の菱形のアイコンを上下に動かすと角の数を増減できます。

また、多角形ツールでアートボードをクリックすると表示されるダイアログボックスで角の数を指定したり、六角形を描く際のドラッグ中にキーボードの上下キーでも数を変更できます。

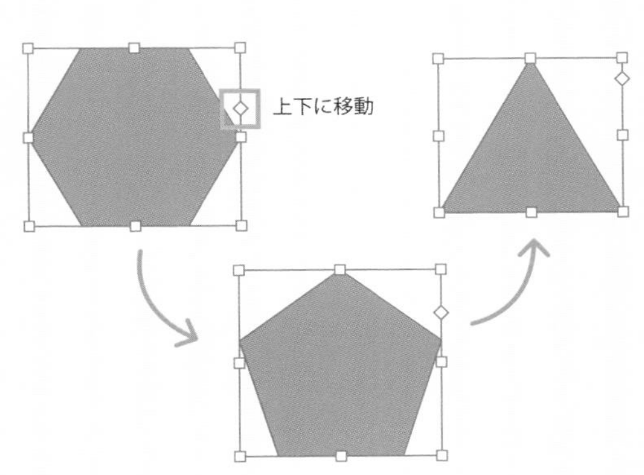

STEP 6

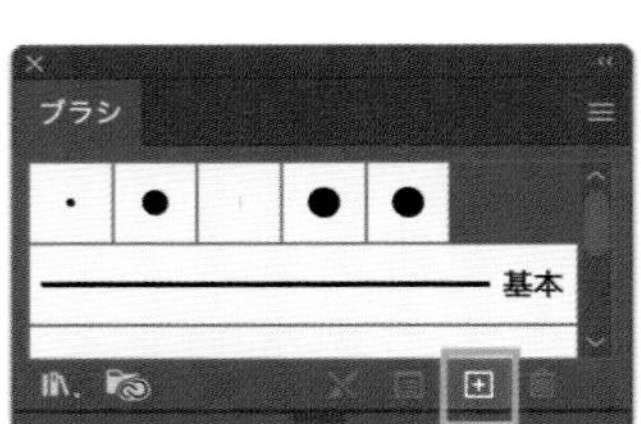

全選択して新規ブラシ作成

全選択し、ブラシパネルから新規ブラシをクリック。

STEP 7

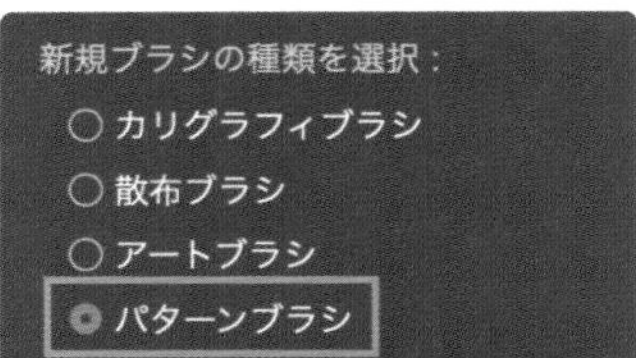

パターンブラシを選択

新規ブラシの種類からパターンブラシを選択し、OKをクリック。

STEP 8

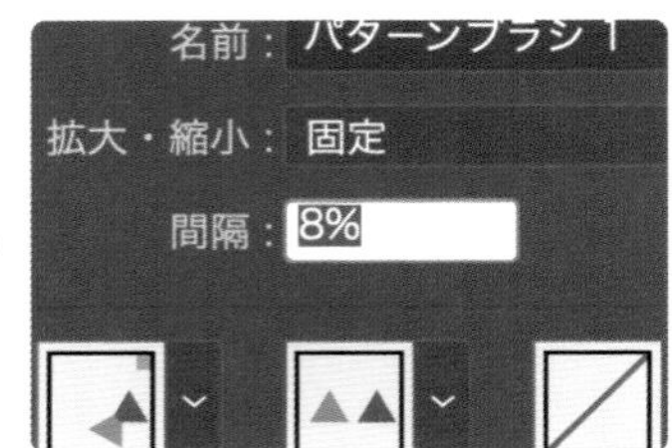

間隔を広げる

パターンブラシオプションから、間隔の数値を調整してOK。 ヒント

STEP 9

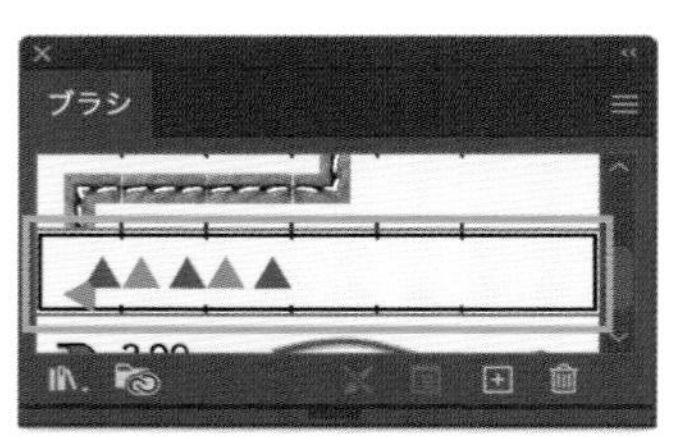

パターンブラシを選択

ブラシパネルを開き、ガーランドのパターンブラシを選択。

STEP 10

B

ブラシツールで曲線を描く

ブラシツールに切り替え、曲線を描いて完成。

線幅でブラシの大きさを調整できます。

ヒント

パターンブラシの「間隔」

デフォルトでは繰り返されるオブジェクトは隙間なく敷き詰められます。「間隔」の数値で余白を設定します。パターンブラシオプション左下のプレビュー画面を見ながら調整してください。

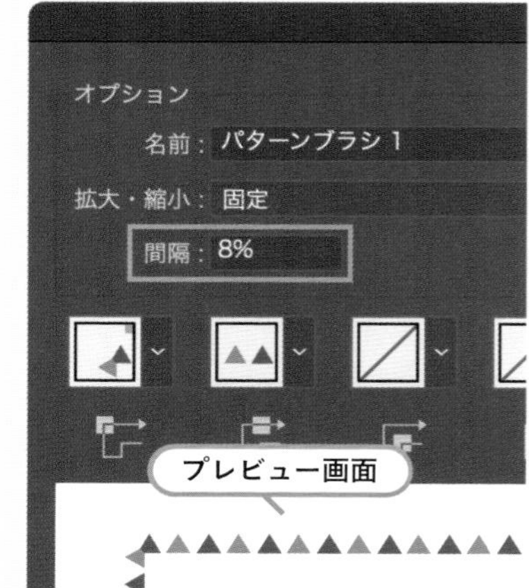

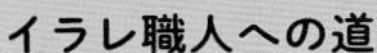

パターンブラシと散布ブラシの違い

パスに沿ってオブジェクトを繰り返し配置するブラシはパターンブラシと散布ブラシがあります。その違いについて解説します。

変形する or 変形しない

パターンブラシはパスに沿ってブラシの形状も変形しますが、散布ブラシは変形せず配置されるだけになります。

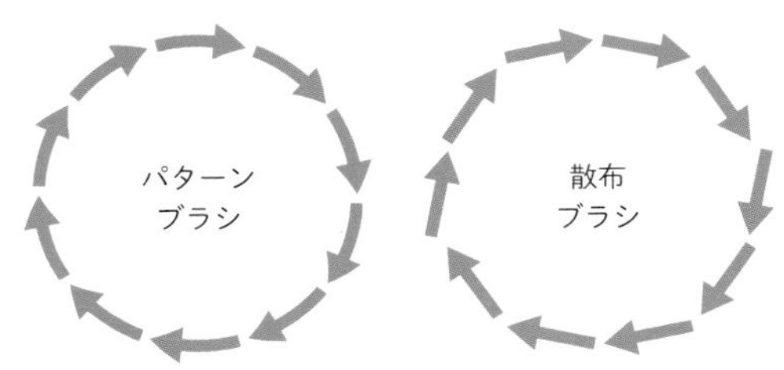

パターンは端の形を設定できる

パターンブラシは繰り返す他に、両端と角の部分の形状を別に設定することができます。パーツをそれぞれ作る必要はありますが、より複雑な表現が可能です。

散布はランダムに設定できる

散布ブラシの特徴は、配置されるブラシの大きさや間隔、角度などをランダムに設定できることです。同じ模様を不規則に変化させたい場合にとても便利です。

RECIPE

04

ねじり梅

パスファインダーでは難しいパス同士の加工をしたい時の強い味方、「シェイプ形成ツール」です。ショートカットも覚えるともう手放せません。

動画でも解説！

正円を描く

楕円形ツールで Shift を押しながらドラッグして正円を描く。

STEP 2

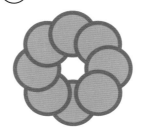

リピート＞ラジアル を適用

正円を選択し **オブジェクト＞リピート＞ラジアル** 。

STEP 3

リピートの数と半径を調整

プロパティパネルからインスタンス数を5に、半径を縮小。

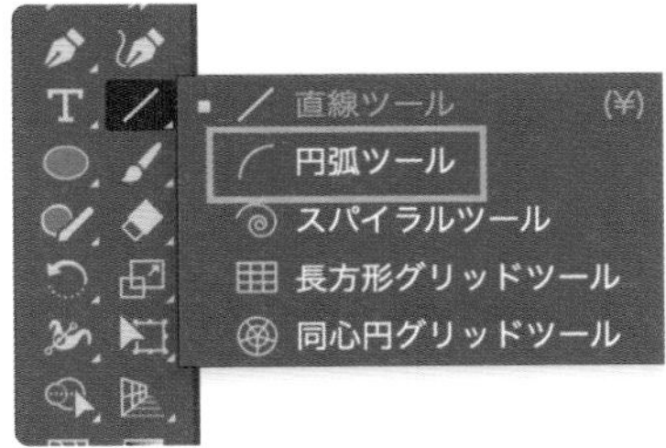

円弧ツールに切替

直線ツールのアイコンを長押しして選択する。

STEP 5

約半分の高さの曲線を描く

円弧ツールで Shift ＋ ドラッグし、曲線を描く。 ヒント

NEXT➔

線端を丸くして45度回転

線パネルから線端を丸型線端に。Shiftを押しながら45度回転。

円弧ツール

ペンツールに不慣れな人でも滑らかな曲線が描けます。Shift ＋ ドラッグすると正円の4分の1を切り取ったような曲線を描けます。

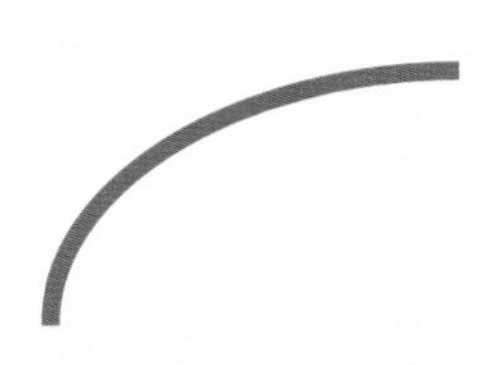

普通にドラッグ

Shift + ドラッグ

STEP 7

リピート＞ラジアル を適用

曲線を選択し、**オブジェクト＞リピート＞ラジアル**。

STEP 8

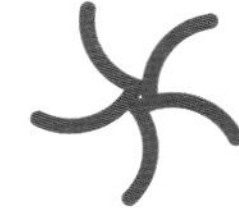

リピートの数と半径を調整

プロパティパネルからインスタンス数を5に、半径を縮小。

STEP 9

正円と曲線を中心で重ねる

リピートを適用した正円と曲線を中心で重ねる。

STEP 10

曲線を回転させて調整

曲線を回転させ、円と円の隙間の中間に配置。

STEP 11

NEXT

L

中心に小さな正円を描く

楕円形ツールで中心から **Shift ＋ Option（Alt）＋ドラッグ**。 ヒント

中心に配置がうまくできない時は整列パネルでも可。

ヒント

円を中心から描画する

楕円形ツールで普通にドラッグすると対角線を描くように円が描画されますが、Option（Alt）を押しながらドラッグすると中心から円が広がるように描画されます。中心の位置が決まっている場合の時短になります。

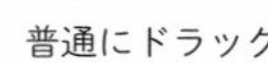

普通にドラッグ

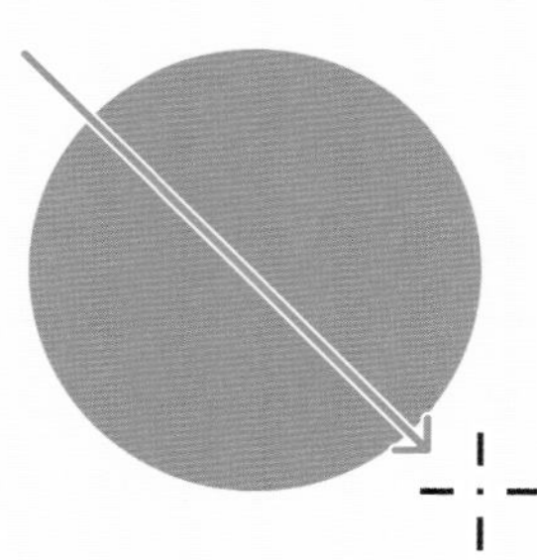

Option（Alt）ドラッグ

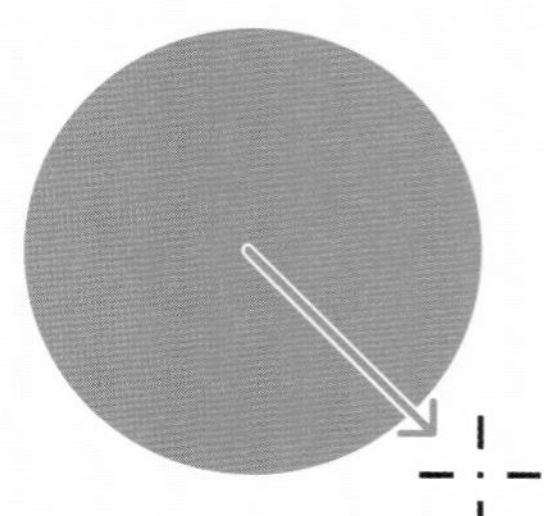

STEP 12

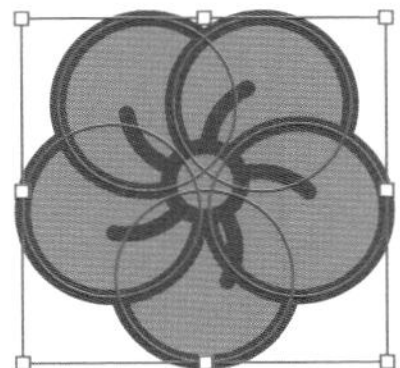

リピートを分割・拡張

リピートを適用した正円を選択し、**オブジェクト>分割・拡張**。

STEP 13

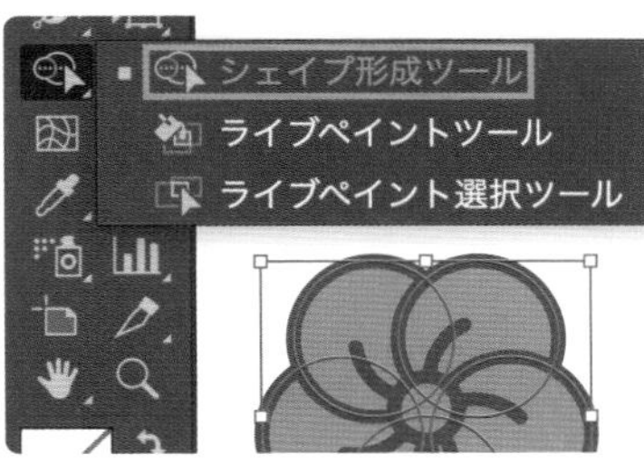

シェイプ形成ツールに切替

分割・拡張した正円を選択状態のまま、シェイプ形成ツールに切替。

STEP 14

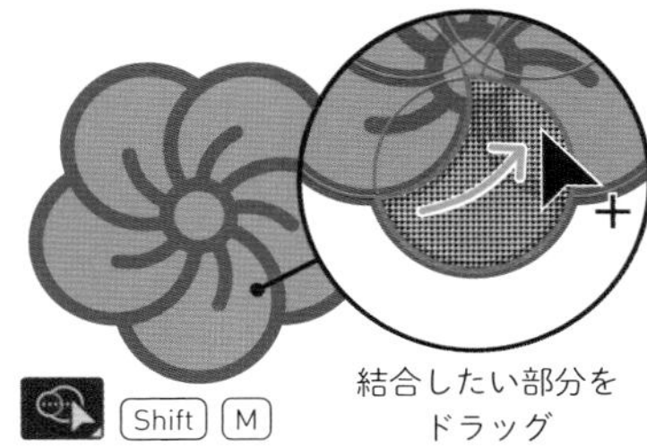

下の花びらの重なりを結合

シェイプ形成ツールで下の重なっている花びらをドラッグ。ヒント

STEP 15

180度回転

全選択し、Shiftを押しながら180度回転して完成。

シェイプ形成ツールは、オブジェクトを選択した状態で切り替えてください。

ヒント

シェイプ形成ツール

パスファインダーのツール版とでも言える機能で、ドラッグした部分だけを分割できます。ドラッグすると結合され、Option（Alt）＋ドラッグで削除です。

ショートカット（Shift ＋ M）で素早く呼び出せる点も魅力です。

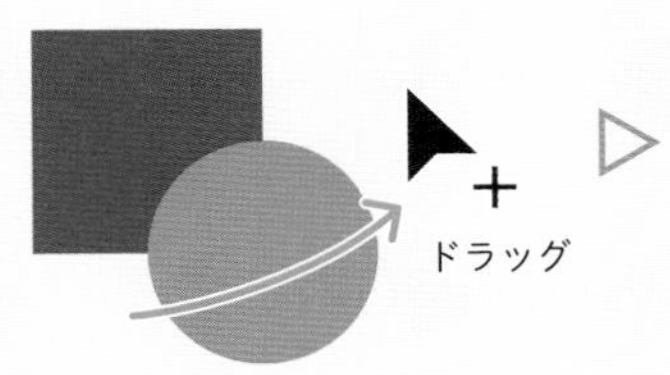

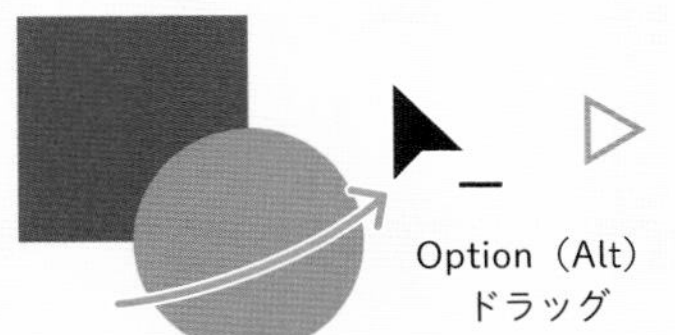

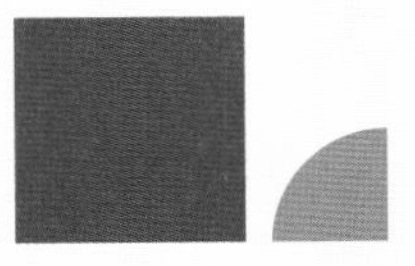

RECIPE

05

菊の花

「中心じゃなくて、ここの角を軸に回転したいんだよなー」という時には、回転ツールの基準点を活用しましょう。

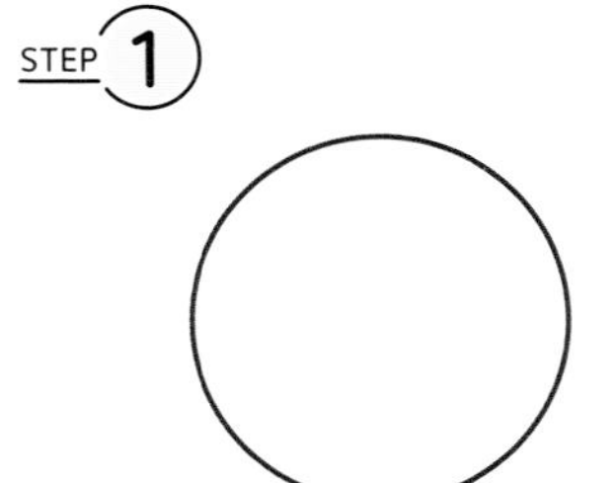

正円を描く

楕円形ツールで Shift を押しながらドラッグし、正円を描く。

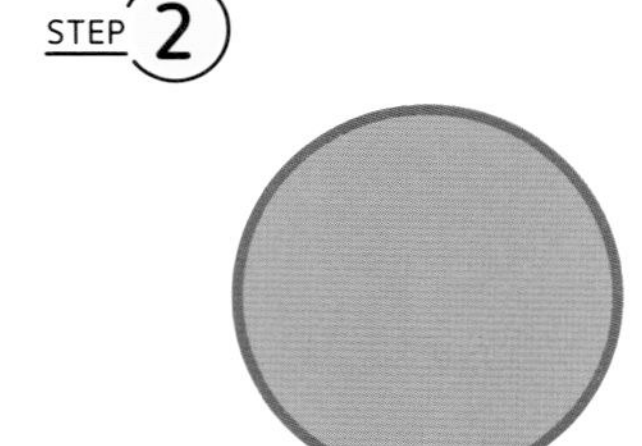

線の位置は中央に

塗りと線の色や線幅を整え、線パネルから線の位置を中央に揃える。

STEP 3

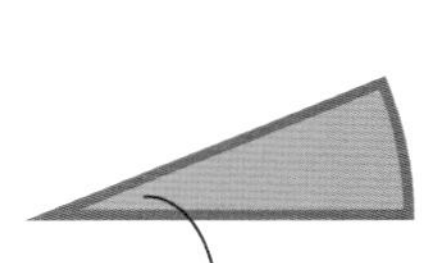

22.5度の扇形に変形

正円を選択し、変形パネルの扇形の終了角度を22.5度に。 ヒント

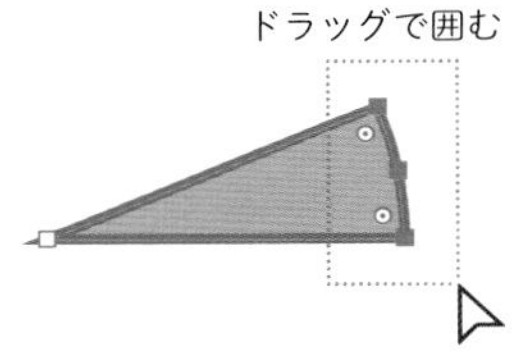

右のアンカーポイントを選択

ダイレクト選択ツールで右側のアンカーポイントのみを選択。

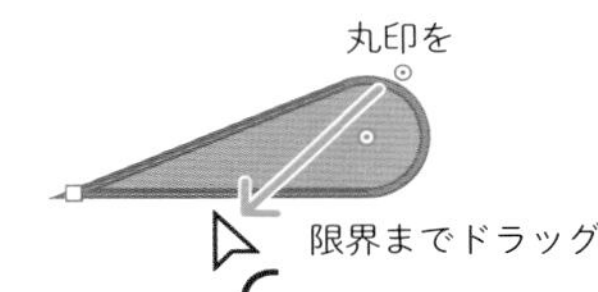

ライブコーナーで角を丸める

角の丸印を内側に向かってドラッグし、限界まで角を丸くする。

22.5度は単純に360÷16（花びらの数）なので、数字を暗記はしなくて良いです。

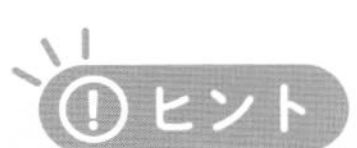

正円を扇形に変形する

楕円形ツールで描いた楕円は、変形パネルの楕円形のプロパティから扇形に変形できます。

楕円を選択すると変形パネルに「楕円形のプロパティ」が表示され、その中の「扇形の開始角度」「扇形の終了角度」で扇形の角度を設定できます。（プロパティが表示されない時は、パネル左上の上下矢印アイコンをクリック）

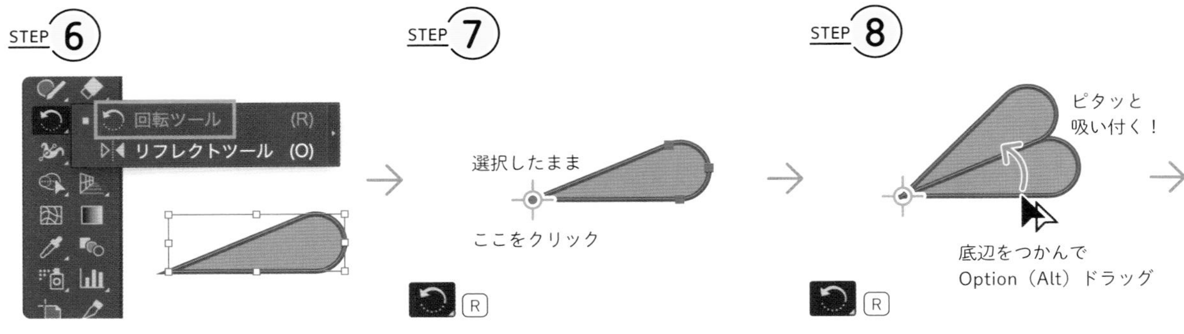

選択して回転ツールに切替

花びらを選択し直し、回転ツールに切り替え。

基準点を角に変更

花びらの角のアンカーポイントをクリックし、基準点を変更。

接するように回転コピー

Option（Alt）を押しながら底辺をドラッグして回転コピー。ヒント

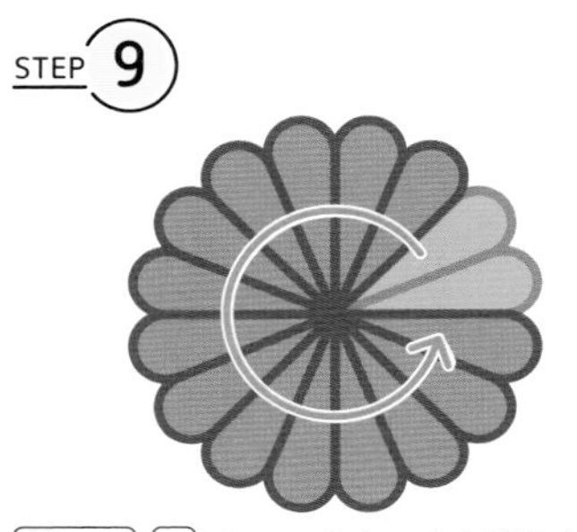

一周するまで変形を繰り返す

オブジェクト＞変形＞変形の繰り返し を1周するまで繰り返す。

中心に正円を描く

楕円形ツールで中心に正円を描いて完成。

ヒント

変形の基準点を変更

デフォルトではオブジェクトの中心を軸に回転しますが、オブジェクトを選択した状態で任意の場所をクリックすると水色のマーカー（基準点）が移動し、その場所を軸として変形できます。

回転ツール以外にも、リフレクトツールや拡大・縮小ツールでも同様です。

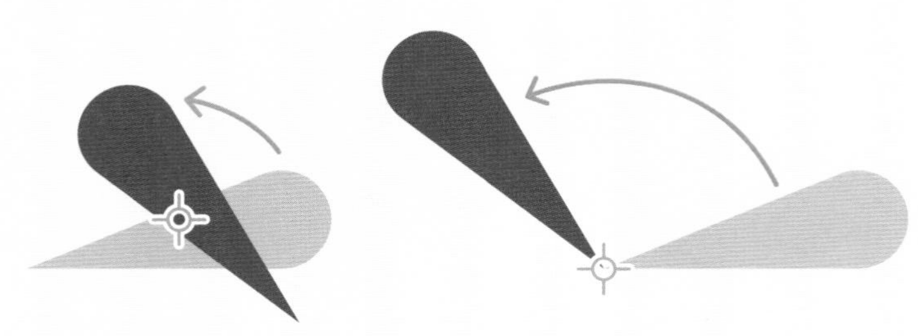

デフォルト（基準点が中心）の回転　　基準点を変更した回転

RECIPE

06

ゼムクリップ

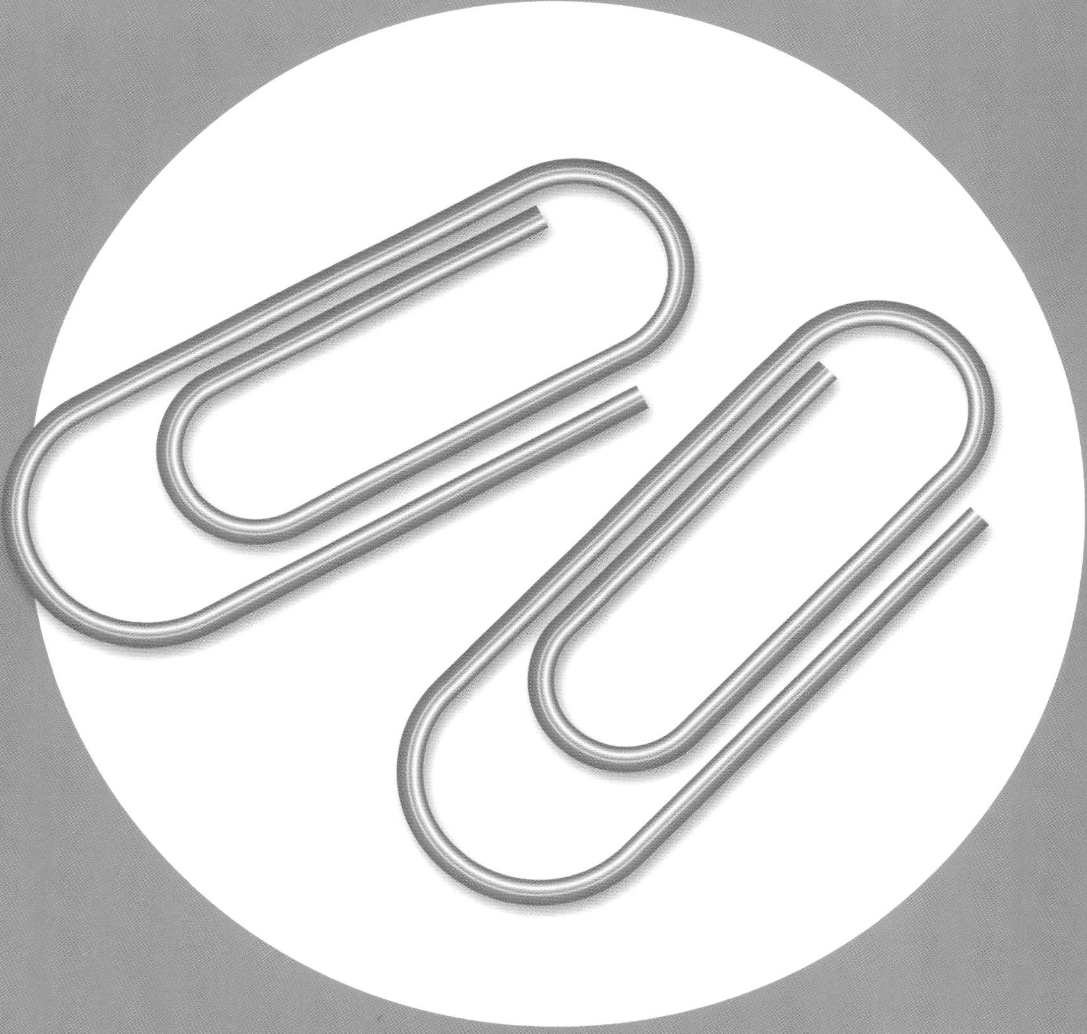

グラデーションの設定をちょっといじるだけで、簡単に立体感のある光沢が作れます。線のグラデーションをマスターしましょう。

動画でも解説！

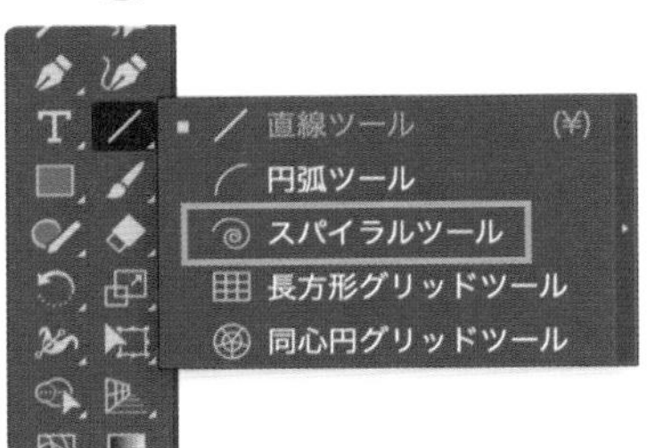

スパイラルツールに切替

直線ツールのアイコンを長押しして選択する。

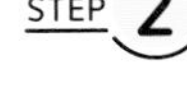

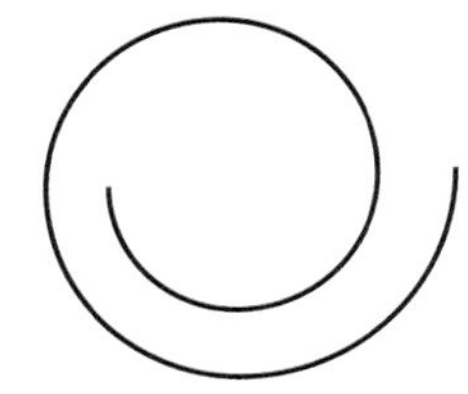

アートボード上でクリック

ダイアログに円周に近づく比率90、セグメント数6と入力。 ヒント

線幅を太くする

線パネルから線幅を設定。線幅同士が重ならないように注意。

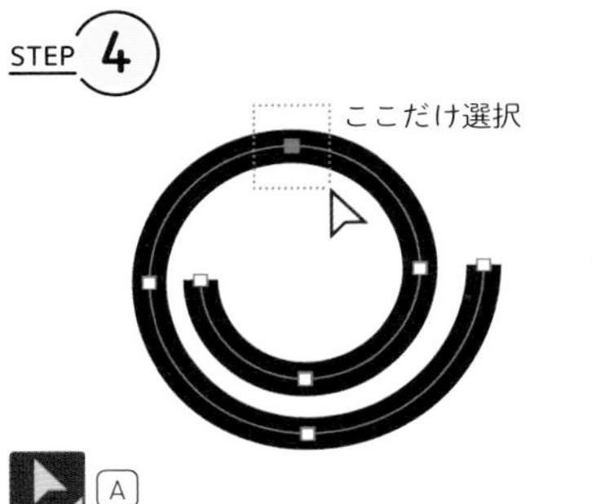

A

頂点のアンカーを選択

ダイレクト選択ツールで、渦の一番上のアンカーポイントのみを選択。

⌘(Ctrl) X

頂点をカット

アンカーポイントを選択した状態で **編集＞カット** 。

STEP 6 NEXT

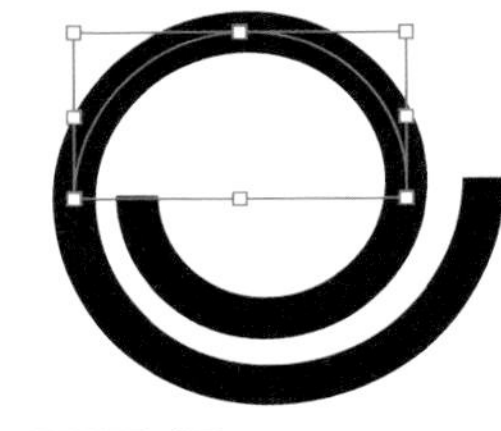

Shift ⌘(Ctrl) V

同じ位置にペースト

編集＞同じ位置にペースト で、カットしたパスを元の位置にペースト。

ヒント

数値指定で渦を描く

スパイラルツールはドラッグで渦を描くことができますが、渦の数や回転の強さなどの調整はショートカットを駆使する必要があります。慣れていない人はスパイラルツールでアートボードをクリックし、数値を入力して渦を描くこともできます。

ちなみに「セグメント」はアンカーポイントをつなぐ線のことです。

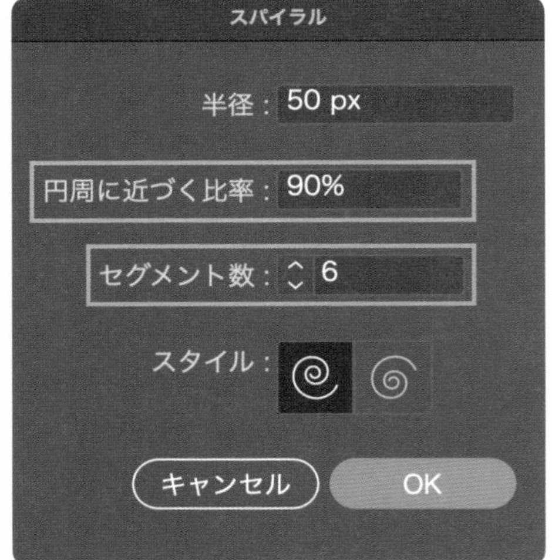

STEP 7

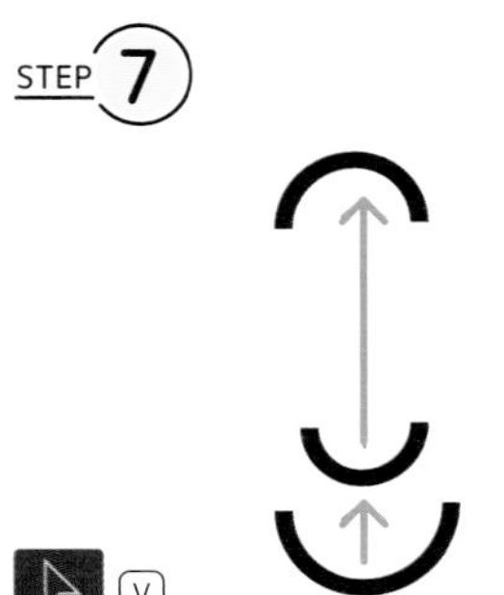

パーツをそれぞれ上に移動

選択ツールで選択し、Shift を押しながら上に移動。

STEP 8

上下の半円をつなげる

ペンツールでアンカーポイントをクリックし、上下をつなげる。

STEP 9

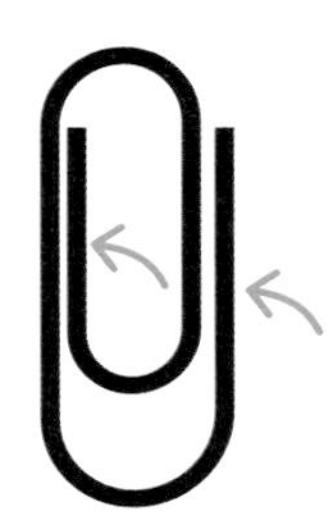

垂直方向にパスを追加

ペンツールで残りの線端をクリックし、Shift で垂直上にパスを追加。

線にグラデーションを適用

グラデーションパネルから線に白と黒のグラデーションを適用。ヒント

パスに交差してグラデーション

続けてパネルから「パスに交差してグラデーション」を適用。ヒント

パスに交差してグラデーション

グラデーションパネルで線を選択状態にすると、「線」という3つの設定項目が表示されます。右の「パスに交差してグラデーション」を適用すると、パスの向きに沿ってグラデーションの向きが変化します。

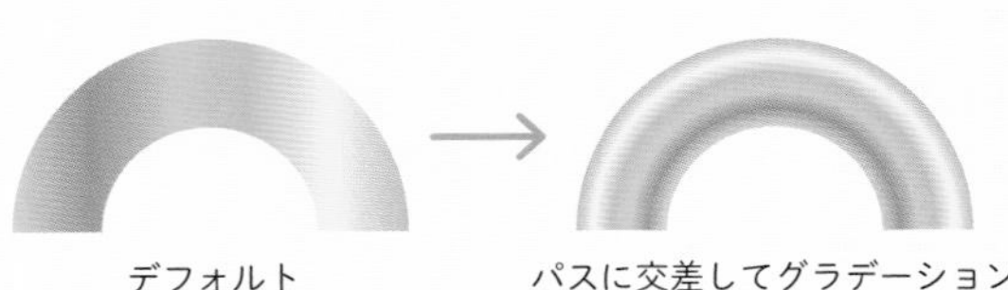

デフォルト　パスに交差してグラデーション

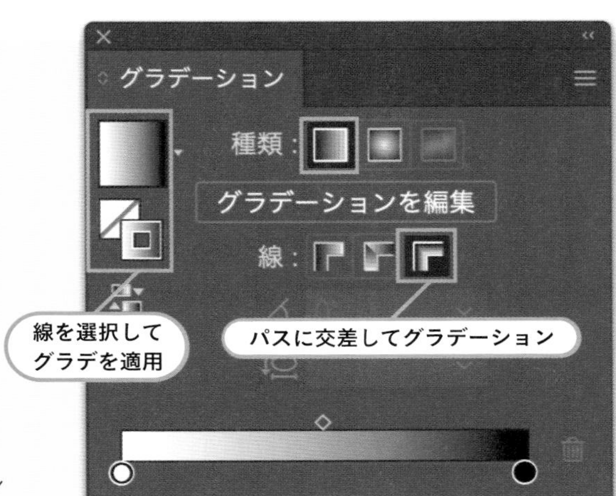

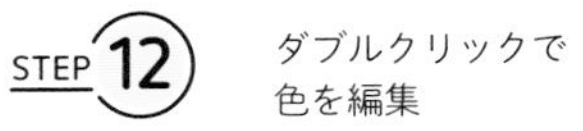

STEP 12

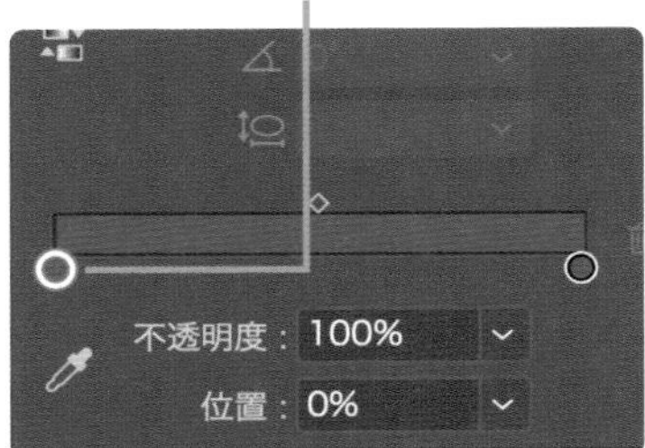

両端を暗い色に変更

スライダーの丸印をダブルクリックし、両端とも暗い色に変更。

STEP 13

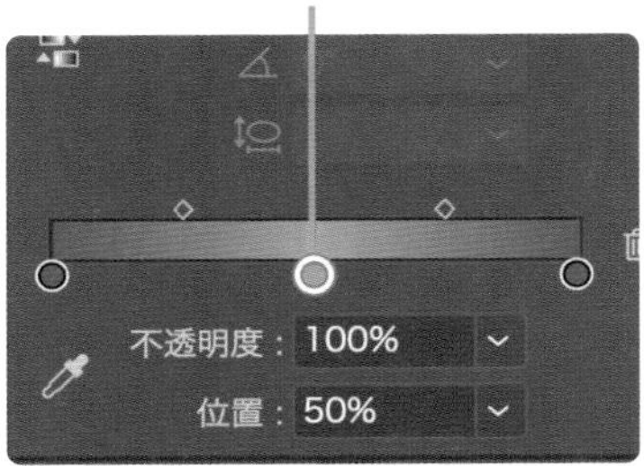

中間に明るい色を追加

スライダー下の余白をクリックして色を追加。明るい色に変更。ヒント

STEP 14

角度などを調整して完成

パスの角度やスライダーの色の位置を整えて完成。

ヒント

グラデーションの色を増やす

グラデーションスライダーの下の余白の部分をクリックすると色数を増やすことができます。丸印をドラッグで色の位置を移動。Deleteキーで削除。スライダー上の菱形は色と色の中間点で、これも移動させることができます。

p.33の作例では右図のような感じです。好みで色を増やしてみましょう。

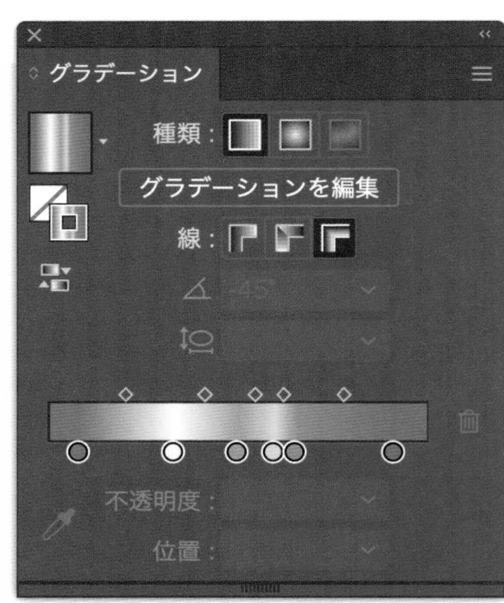

RECIPE

07

警告テープ

DANGER

点線を描きたい時は線パネルの「破線」を使います。慣れるまでややこしいですが、カチカチいじって設定の意味を理解しましょう。

動画でも解説！

STEP 1

DANGER

T

テキストを用意

作例はAdobe Fontsの Neue Haas Grotesk Display Pro 。

STEP 2

DANGER

文字をアウトライン化

文字を選択し、**書式>アウトラインを作成** 。

STEP 3

DANGER

横の余白は大きめに

 M

背面に長方形を描く

長方形ツールで長方形を描く。文字の背面に配置し、中央に整列。

STEP 4

DANGER

 ¥

同じ長さの水平線を描く

直線ツールで長方形と同じ幅の水平線を描き、線幅を整える。

STEP 5

DANGER

破線をチェックする

水平線を選択し、線パネルから破線をチェックする。ヒント

STEP 6

NEXT

両端の破線は揃える

DANGER

破線の線分を設定

破線の「線分」の数値を調整。点線のアイコンは右側にする。ヒント

ヒント

破線の基本

「線分」は点線1つ分の長さです。最初の線分のみに数字を入れた場合は線分と同じ長さの「間隔」の点線になります。点線のアイコンは右側を選択してください。両端が綺麗に揃います。

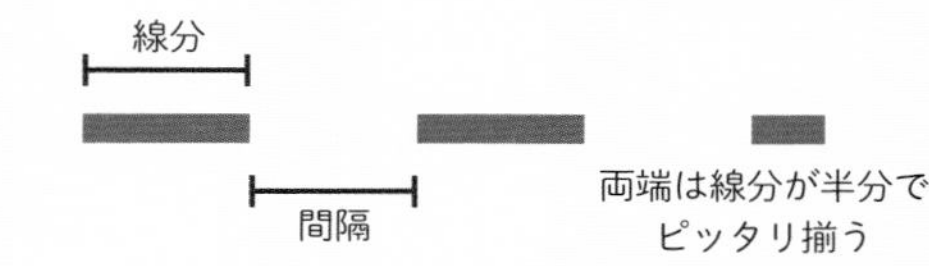

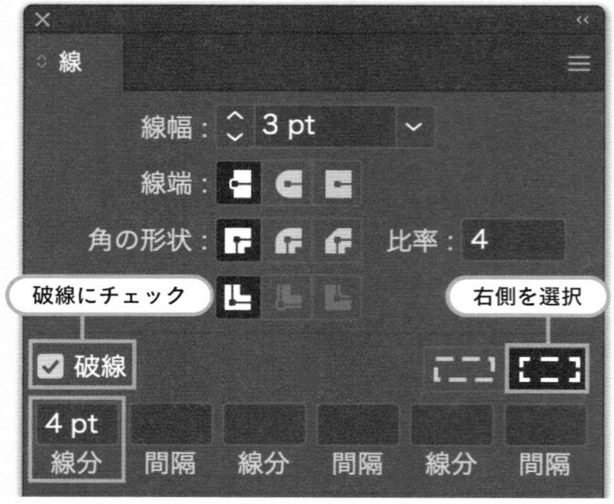

DANGER

パスをアウトライン

水平線を選択し、**オブジェクト＞パス＞パスのアウトライン**。

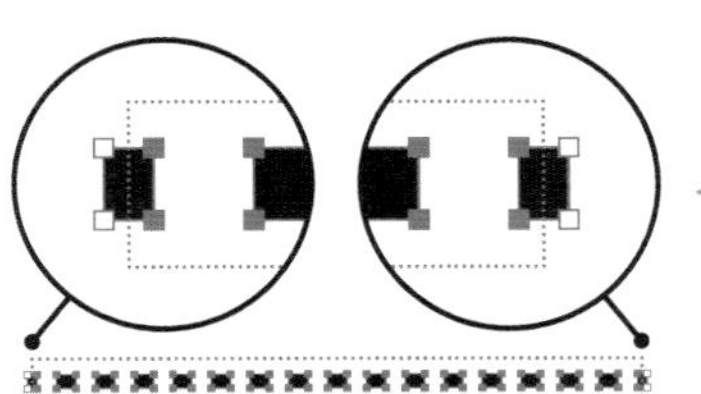

両端だけ選択しない

内側のアンカーを選択

ダイレクト選択ツールで両端以外のアンカーポイントを選択。

選択状態は維持したまま次へ

破線の部分を拡大表示

ズームツールなどを使い、破線の部分を拡大表示。

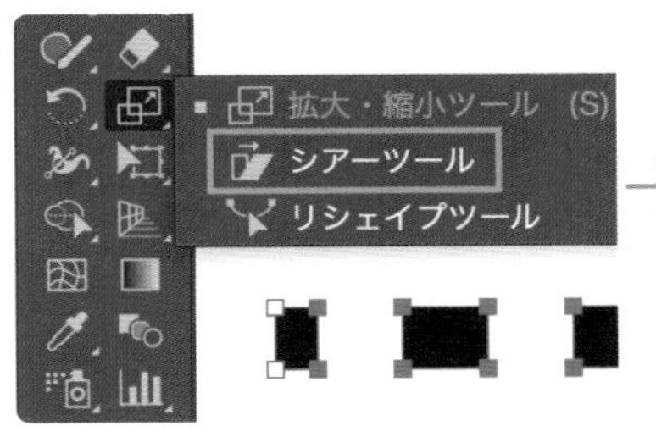

シアーツールに切替

破線を選択した状態のまま、シアーツールに切替。

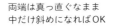

両端は真っ直ぐなまま
中だけ斜めになればOK

水平方向にシアー

シアーツールで Shift を押しながら右に少しだけドラッグ。ヒント

STEP 12

NEXT

長方形の上に揃えて配置

斜めにした破線をドラッグし、長方形の上にピッタリ揃えて配置。

ヒント

シアーツール

パスを斜めに傾けるツールです。オブジェクトを選択した状態で切り替え、ドラッグした方向に向かって傾いていきます。

今回の作例では点線の両端のアンカーポイントは選択しない状態で使用したので、それ以外の中のアンカーポイントの位置のみが変形されます。

STEP 13

Shift + Option（Alt）+ ドラッグ

破線を下に移動コピー

Shift ＋ Option（Alt）を押しながら破線を下にドラッグ。

STEP 14

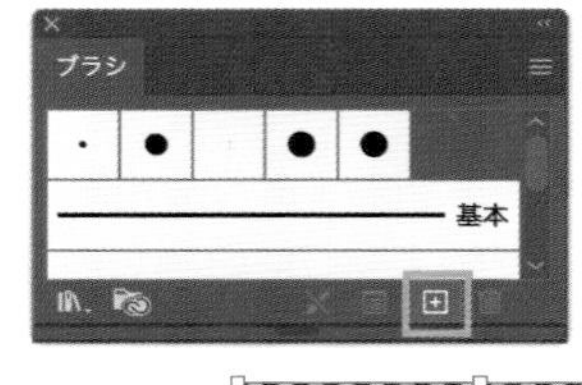

全選択して新規ブラシ作成

全選択し、ブラシパネルから 新規ブラシ をクリック。

STEP 15

新規ブラシの種類を選択：
○ カリグラフィブラシ
○ 散布ブラシ
○ アートブラシ
◉ パターンブラシ
○ 絵筆ブラシ

パターンブラシを選択

新規ブラシの種類からパターンブラシを選択し、OKをクリック。

STEP 16

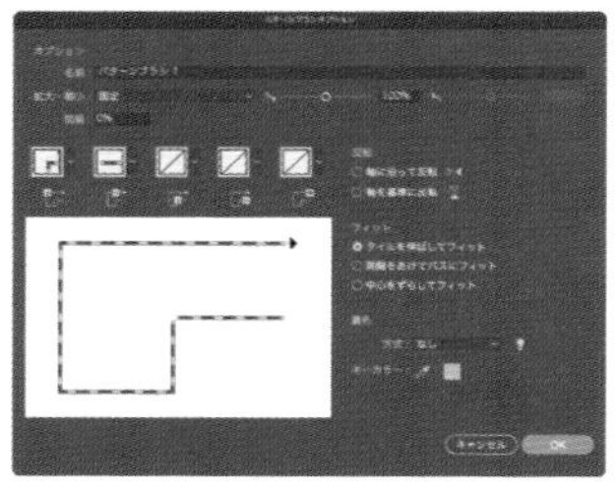

オプションを閉じる

パターンブラシオプションが開いたら、何も設定せずOKをクリック。

STEP 17

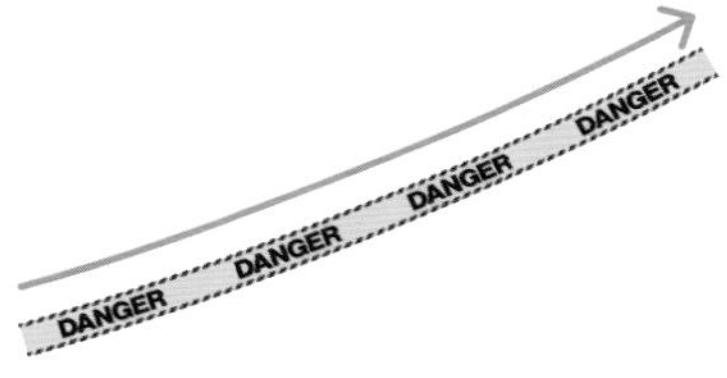

B

ブラシツールで線を描く

作成したブラシを選択。ブラシツールで線を描いて完成。

RECIPE

08

幾何学的な液体

完成した後に液体を伸ばしたり増やしたりできる不思議なオブジェクトです。
「アピアランス」を極め、イラレ上級者を目指しましょう！

動画でも解説！

STEP 1

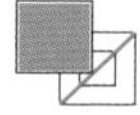

細長い長方形を描く

幅の長さは自由だが、高さは整数値にして数値は覚えておく。

STEP 2

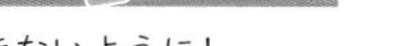

下に接するよう移動コピー

Shift ＋ Option（Alt）を押しながらドラッグして移動コピー。

STEP 3

下の長さを半分程度にする

下の長方形の幅を半分程度まで縮小する。

STEP 4

下に接するよう移動コピー

全選択し、Shift ＋ Option（Alt）＋ドラッグ で移動コピー。

STEP 5

変形の繰り返し

オブジェクト＞変形＞変形の繰り返し を数回適用。 ヒント

STEP 6

NEXT ➔

一番下の長方形を削除

一番下の短い長方形のみを選択し、削除する。

ヒント

隙間ができた時は

長方形の間にわずかでも隙間があると、この後の工程が上手くできません。もし隙間ができてしまった場合は、整列パネルの「等間隔に分布」で隙間を詰めてください。

(1) ウィンドウ＞整列 で整列パネルを開く
(2) オブジェクトを全選択
(3) 一番上のオブジェクトを一度クリック
(4) 整列パネル左下「垂直方向等間隔に分布」をクリック

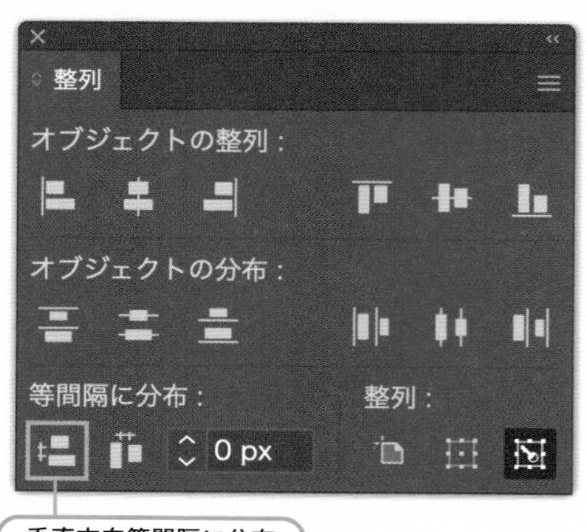

STEP 7

Shift　Option (Alt)　⌘(Ctrl)　D

幅をランダムに変形

全選択し、**オブジェクト＞変形＞個別に変形** でランダムに変形。ヒント

STEP 8

⌘(Ctrl)　G

グループ化

全選択し、**オブジェクト＞グループ** を適用。

STEP 

NEXT➔

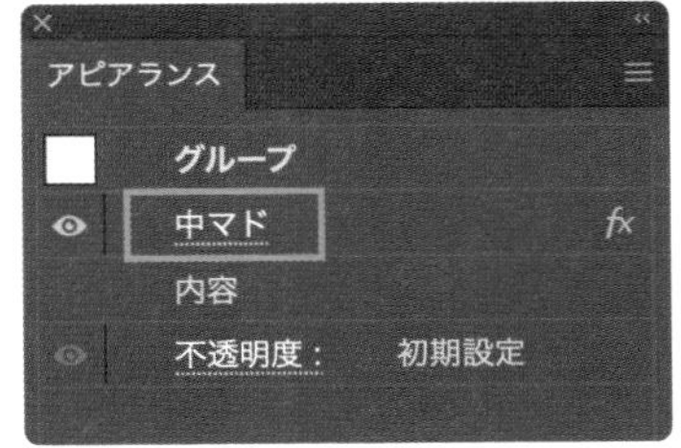

効果 中マド を適用

全選択し **効果＞パスファインダー＞中マド** を適用。

今回は使用しませんが、手順9のアピアランスパネルは **ウィンドウ＞アピアランス** から開けます。

ヒント

ランダムに変形する

個別に変形の「ランダム」をチェックすると、設定した変形の数値を最大値としたランダムな変形になります。

また、基準点を変更することで、オブジェクトの中心ではなく指定した場所を軸に変形が適用されます。

個別に変形

拡大・縮小
水平方向：80%
垂直方向：100%

移動
水平方向：0 px
垂直方向：0 px

回転
角度：0°

オプション
☑ オブジェクトの変形
☑ パターンの変形
☐ 線幅と効果を拡大・縮小
☐ 角を拡大・縮小
☐ 水平方向に反転
☐ 垂直方向に反転
☑ ランダム

オブジェクトの左中央を基準に変形

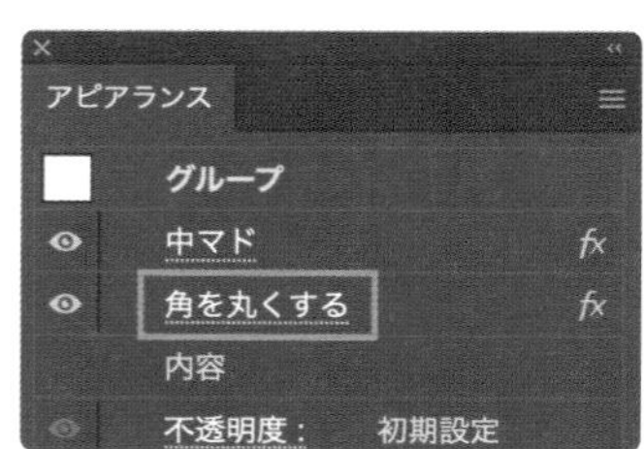

効果 角を丸くする を適用

続けて **効果＞スタイライズ＞角を丸くする** を適用。

STEP 11

半径は長方形の短辺の半分に

半径の数値に、最初の長方形の短辺の長さの半分の数値を入力。ヒント

STEP 12

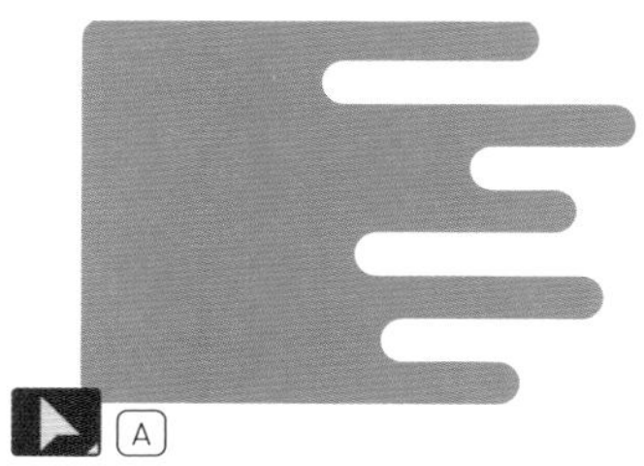

長方形の長さを調整

ダイレクト選択ツールで個別に長方形の長さを調整する。

STEP 13

長方形を1つ横に移動コピー

長方形を一つ選択し Shift + Option（Alt）+ドラッグ で移動コピー。

STEP 14

コピーした長方形を縮小する

コピーした長方形を丸になるまで縮小する。

STEP 15

丸をいくつか移動コピー

Option（Alt）+ドラッグ で丸を移動コピーして完成。

ヒント

効果 角を丸くする

手順1で描いた長方形の、高さの数値をメモしていましたか？　その数値の半分を効果 角を丸くする の半径に入力してください。

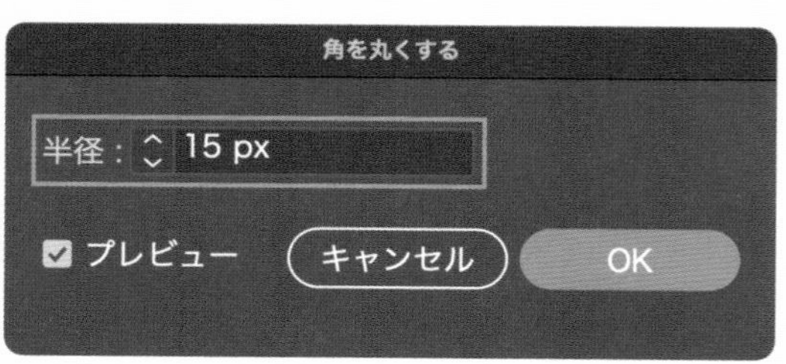

30pxの場合

アピアランスの基本ルール

アピアランスは一見複雑ですが、実はいくつかのルールがあるだけのシンプルな機能です。基本ルールを学び「なぜそうなるのか」を理解しましょう。

アピアランスは塗り・線・不透明度・効果の4種類

「パス」はあくまで点と線を結んだ無色の枠組みであり、塗り・線・不透明度・効果で見た目を設定する必要があります。それらをまとめて管理するのがアピアランスパネルです。

塗りと線は重ね順が反映

塗りと線は上にある方が重ね順が前面になります。ドラッグで入れ替えたり塗り・線を増やすこともできます。

効果は上から順番に処理

効果が複数の場合、上から順に処理されていきます。そのため順番を入れ替えると結果も変化するので注意。

配置場所で適用範囲が変化

効果は塗りや線の中に入れることもできます。その場合、全体ではなくその塗りなどにのみ作用します。

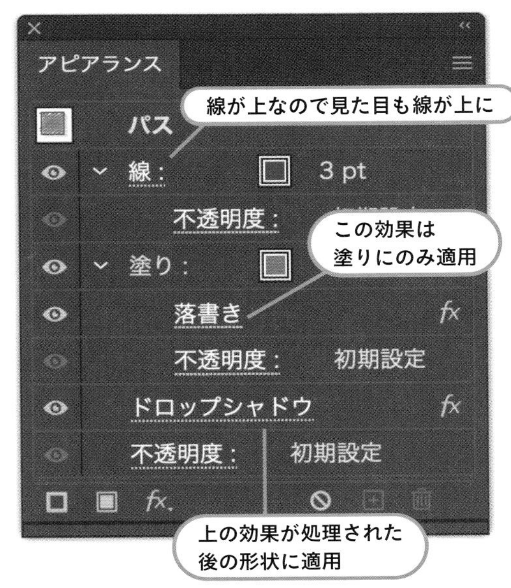

RECIPE

09

扇子

曲線に沿ってきちっとイラストを描くのって意外に大変です。まずは真っ直ぐな状態を作って、アートブラシにしちゃいましょう。

動画でも解説！

STEP 1

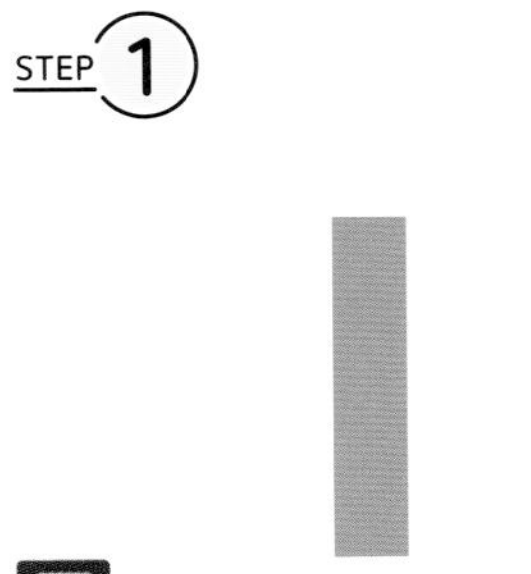

細長い長方形を描く

長方形ツールで縦長の長方形を描く。色は塗りのみ、線はなし。

STEP 2

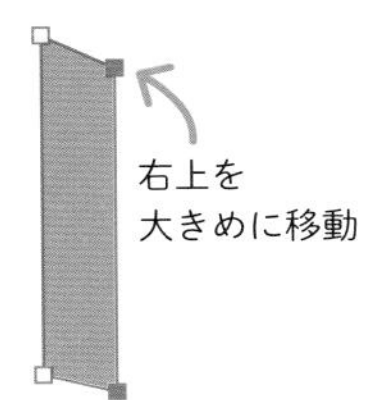

右のアンカーを移動させる

ダイレクト選択ツールで右側のアンカーポイント2つを垂直下に移動。

STEP 3

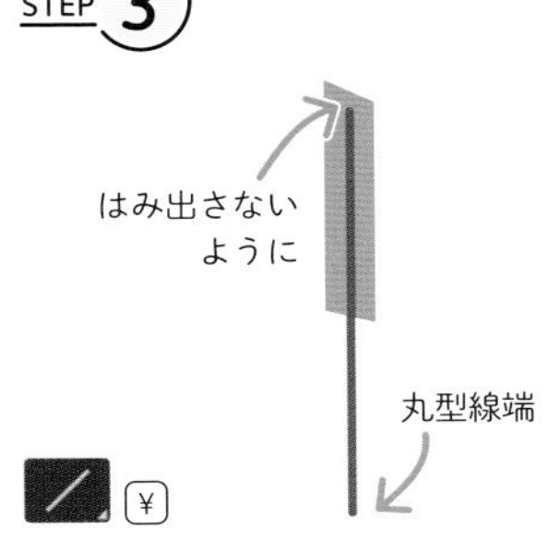

垂直線を描く

長方形の約2倍の長さの線を描き、色や線幅、線端を整える。

STEP 4

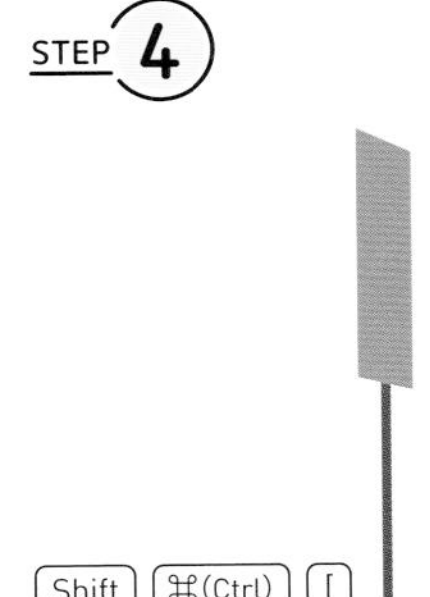

直線を背面に移動

オブジェクト＞重ね順＞最背面へ で垂直線を背面に移動。

STEP 5

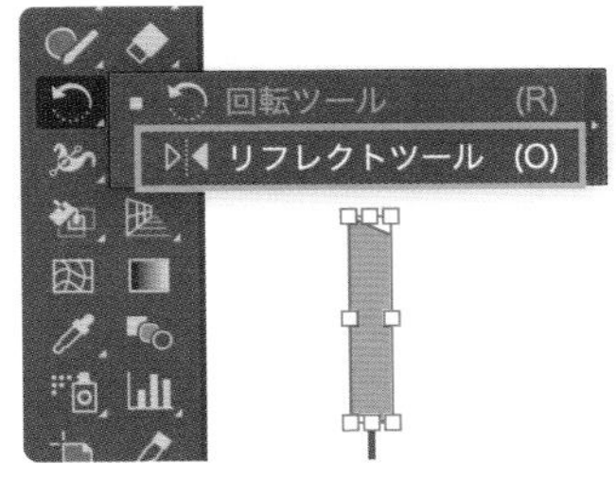

リフレクトツールに切替

四角形を選択した状態で、リフレクトツールに切り替え。

STEP 6

NEXT➔

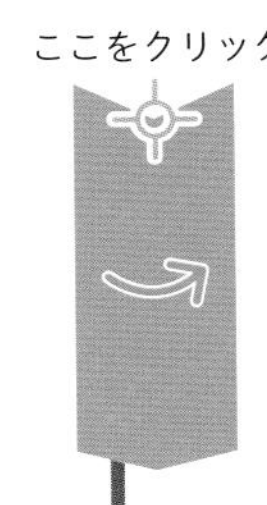

右に反転コピー

右のアンカーをクリックし、Shift ＋ Option（Alt）＋ドラッグ。 ヒント

リフレクトツール

ドラッグで選択オブジェクトを反転させるツールで、基準点の扱い方は回転ツール（p.32参照）と同じです。ちなみにショートカットキーはゼロではなくO（オー）です。

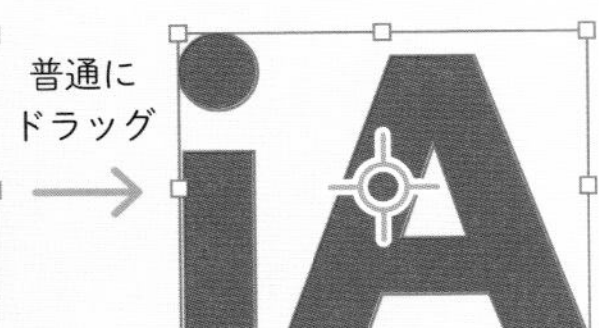

STEP 7

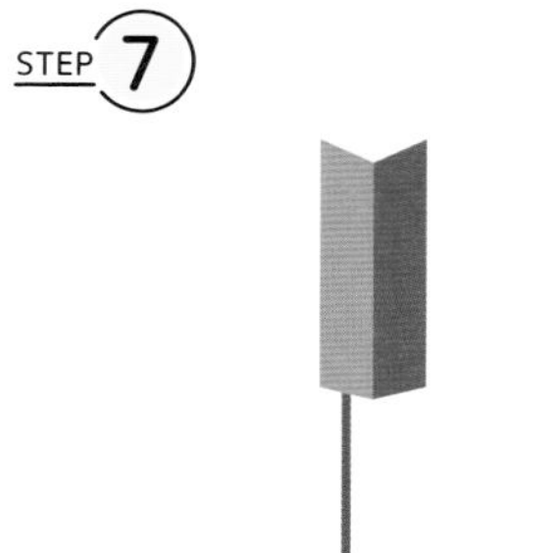

片方の色を変更

複製した四角形の塗りの色を変更。やや濃い色に。

STEP 8

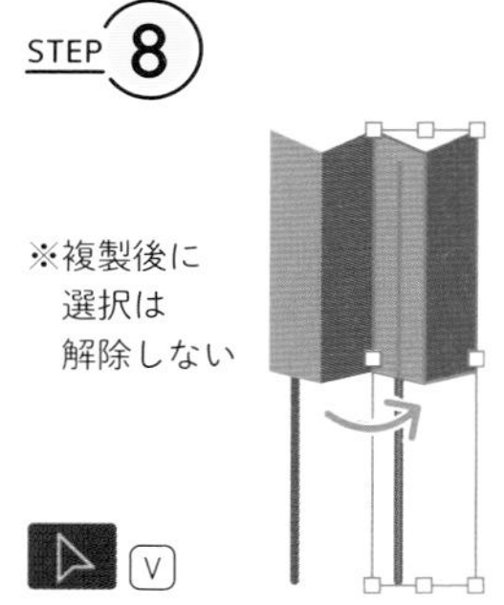

右に移動コピー

全選択し、Shift ＋ Option（Alt）＋ドラッグで右に接するよう複製。

STEP 9

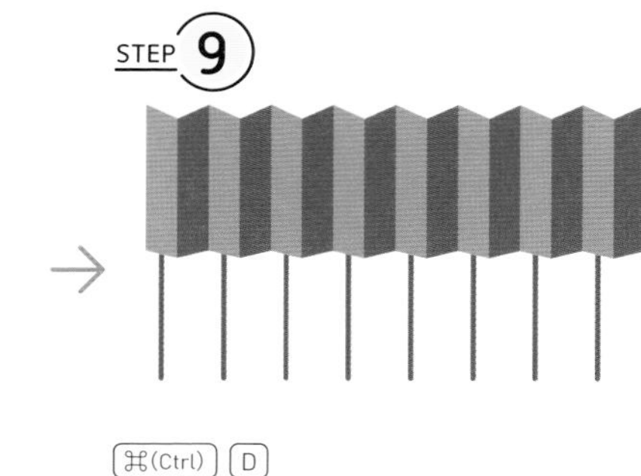

変形の繰り返し

オブジェクト＞変形＞変形の繰り返し を数回適用。

STEP 10

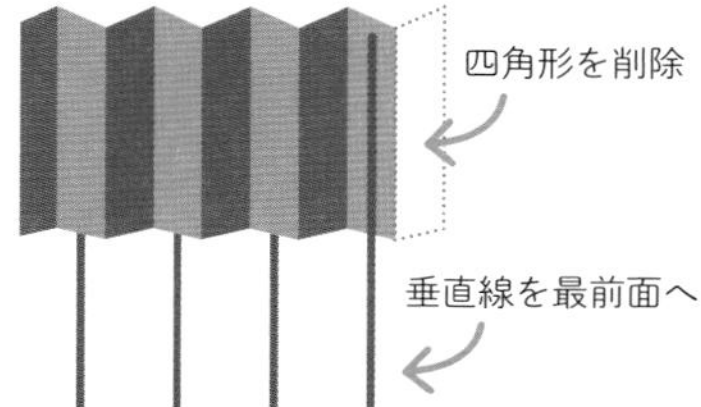

右の四角を削除、線を前面へ

右端の四角形を削除し、一番右にある垂直線を最前面へ移動。

STEP 11

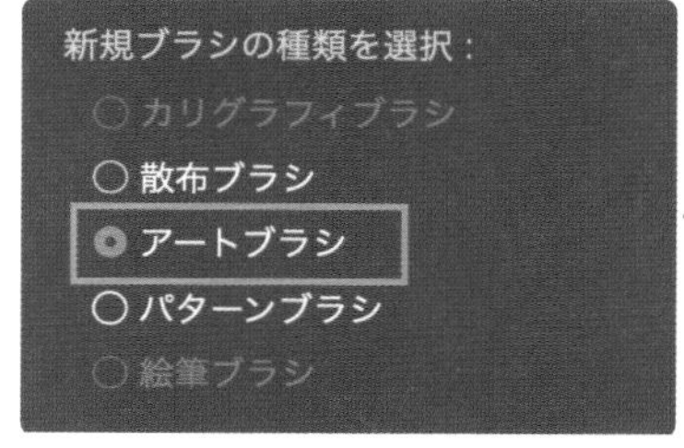

アートブラシを作成

全選択し、ブラシパネルの 新規ブラシ から アートブラシ を選択。

STEP 12

NEXT

「折り重なり」を変更

折り重なりを「角と折り目を調整しない」に変更してOK。 ヒント

ヒント

折り重なり

ブラシをオブジェクトに適用した際、角や曲線でブラシ同士が重なった際の処理の設定です。これを設定しないと、一番最後の手順で想定した通りの見た目にならないので注意。

こうなるはずが

こうなります

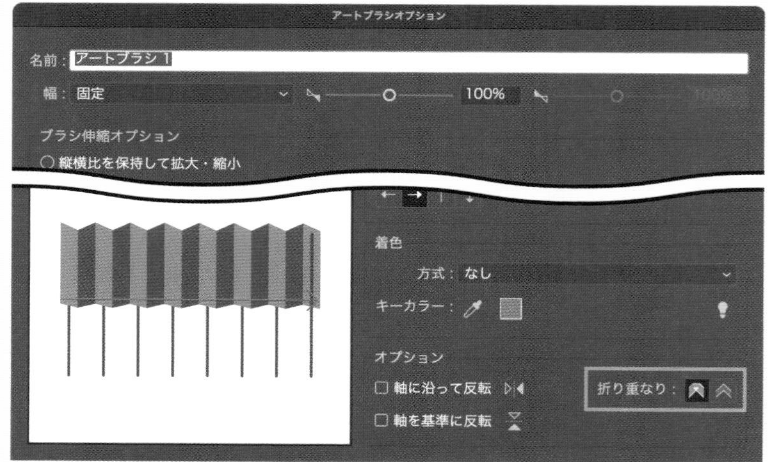

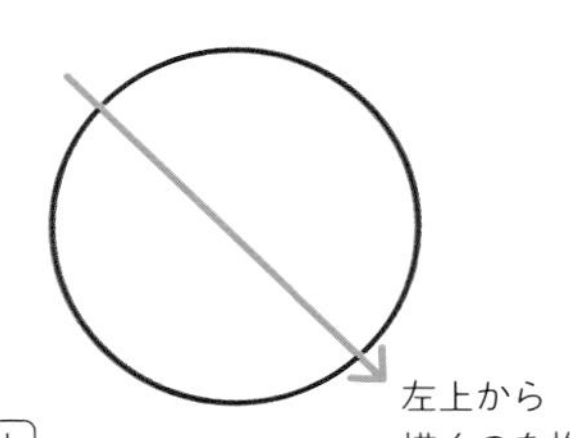

楕円形ツールで正円を描く

楕円形ツールで正円を描く。塗りはなしにする。

30度回転、120度の扇形に

変形パネルで「楕円形の角度」と「扇形の終了角度」を設定。ヒント

角のアンカーを削除

ダイレクト選択ツールで扇形の角のアンカーポイントを削除。

NEXT

作成したブラシを適用

作成したアートブラシを曲線に適用。

ヒント

右のようになった場合は、オブジェクト＞パス＞パスの方向反転 してください。

パスの方向が逆だとこうなります

真っ直ぐ立った扇形を描く

p.31では「扇形の終了角度」のみでしたが、今回は「楕円形の角度」で扇形自体の角度も変更します。「楕円形の角度」の2倍と「楕円形の角度」を足して180度にしてください。

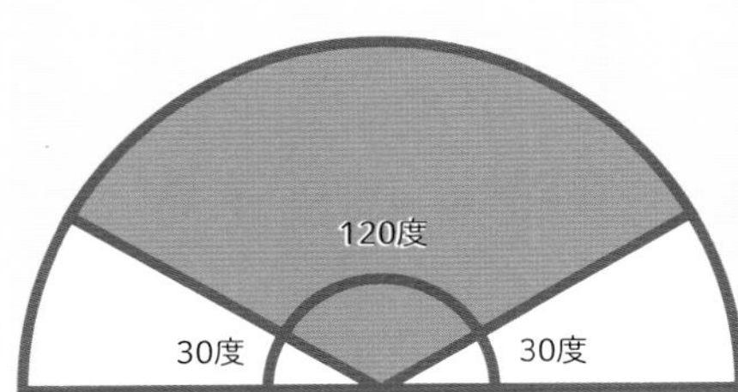

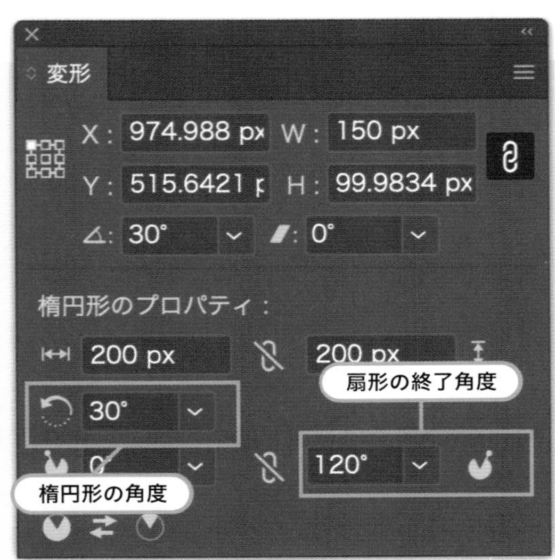

STEP 17

環境設定
キー入力：0.3528 n
☐ プレビュー境界を使用
☐ 角を拡大・縮小
☐ 線幅と効果を拡大・縮小

線幅と効果を拡大・縮小 オフ

選択ツールに切り替え、プロパティパネルから上記をオフに。ヒント

STEP 18

拡大・縮小で整える

拡大・縮小で、扇子の形になるように整えて完成。

完成後に拡大・縮小するとまた形が崩れてしまうので、「線幅と効果〜」をオンにして変形するか、オブジェクト＞アピアランスを分割 でパス化してください。

線幅と効果を拡大・縮小

選択ツール（V）に切り替えてなにも選択しない状態でプロパティパネルの中に表示されます。

この設定がオンになっていると、オブジェクトを拡大した際に線幅や効果も一緒に太くなります。逆にオフの場合は線幅などはそのままでオブジェクトだけ拡大されます。

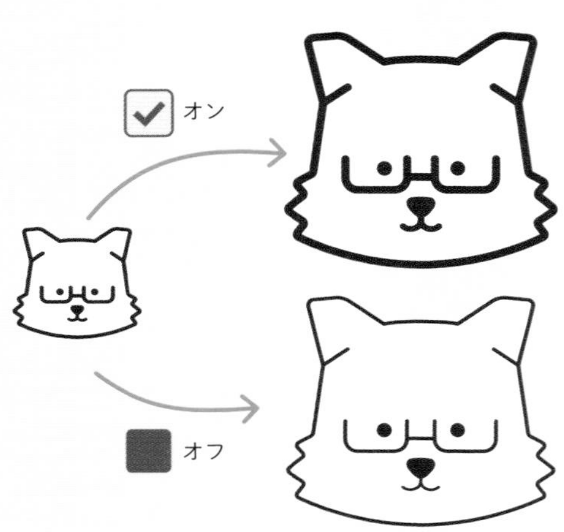

RECIPE

10

プッシュピン

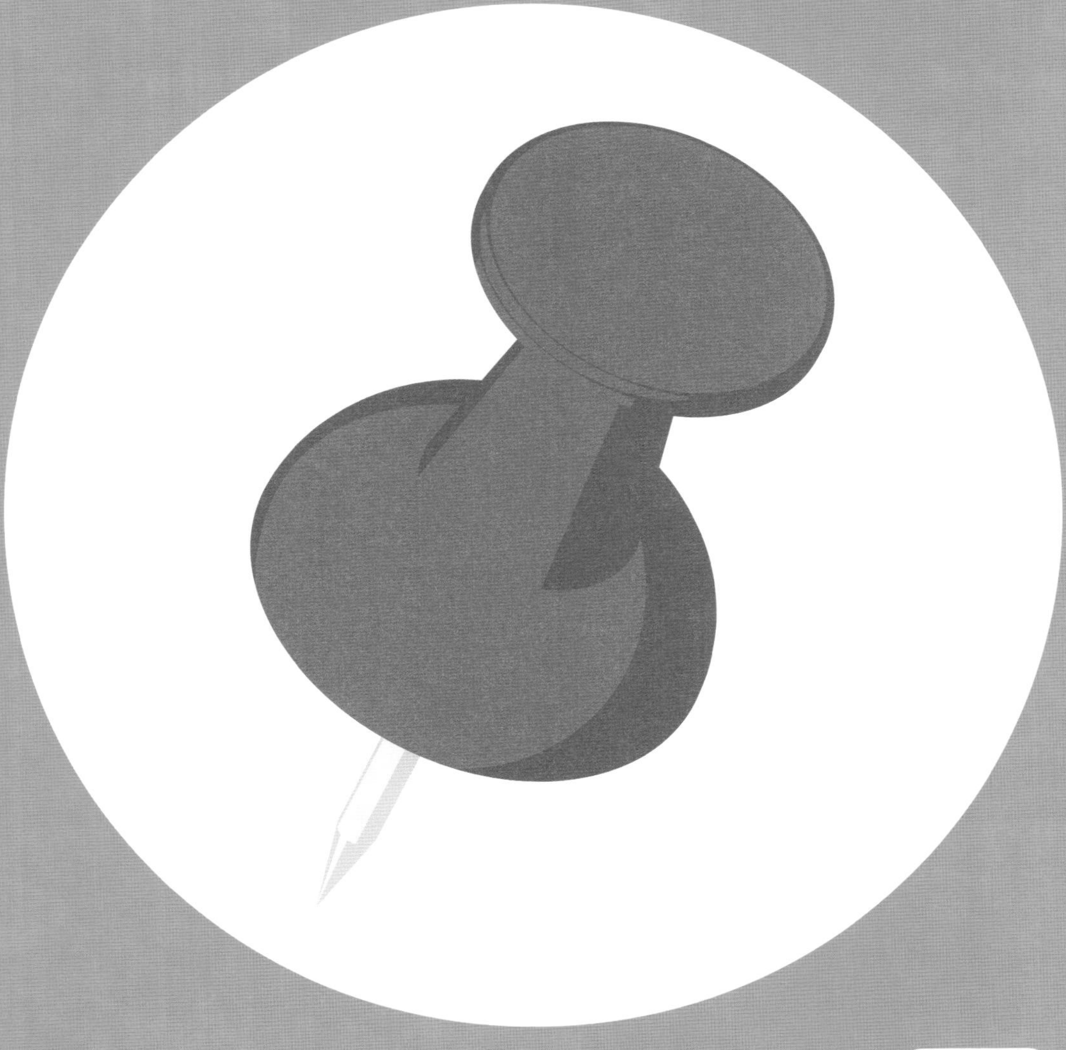

効果「3Dとマテリアル」なら、立体的なイラストを簡単に作れます。グリグリ動かして様々な角度からのバリエーションを増やしましょう。

動画でも解説！

STEP 1

細長い長方形を描く

長方形ツールで縦長の長方形を描く。色は白、線はなし。

STEP 2

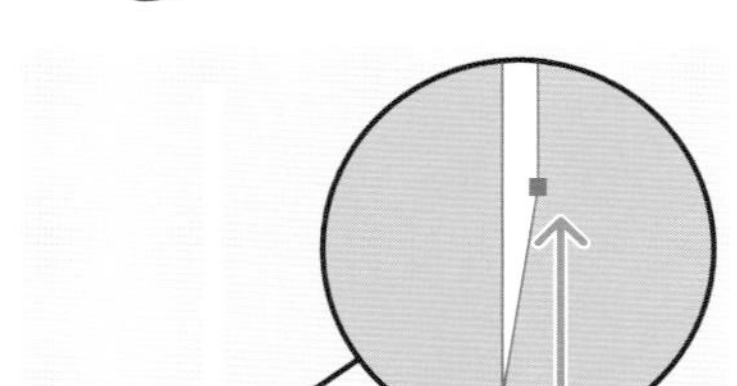

右下のアンカーを移動

ダイレクト選択ツールで右下のアンカーポイントを垂直上に移動。

STEP 3

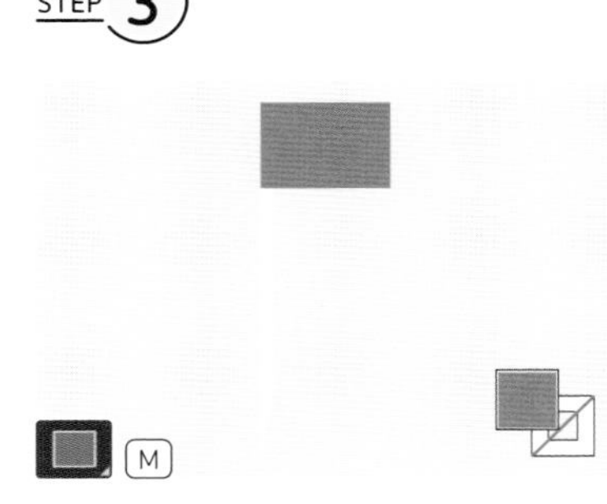

長方形を描く

左上の角に合わせて、赤い塗りの長方形を描く。

STEP 4

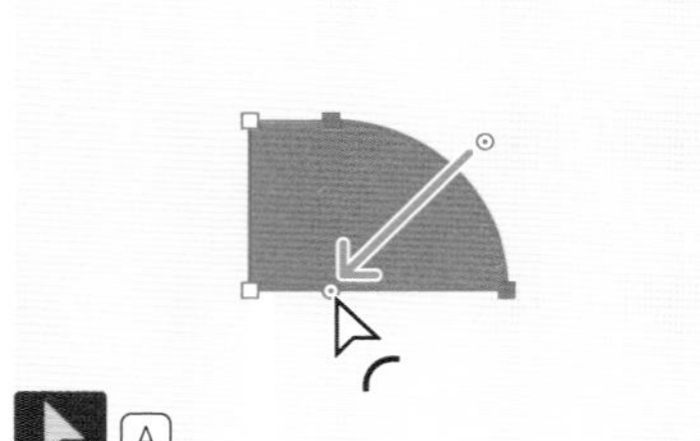

右上の角を限界まで丸める

ダイレクト選択ツールで右上の角のみ選択して丸印をドラッグ。ヒント

STEP 5

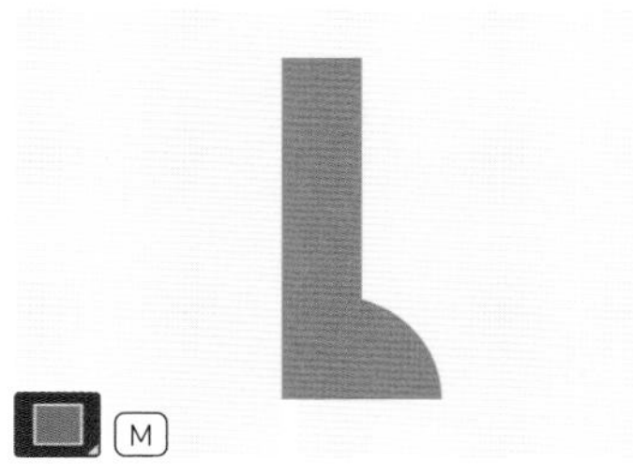

長方形を描く

左上に重ねて、赤い縦長の長方形を描く。

STEP 6

NEXT

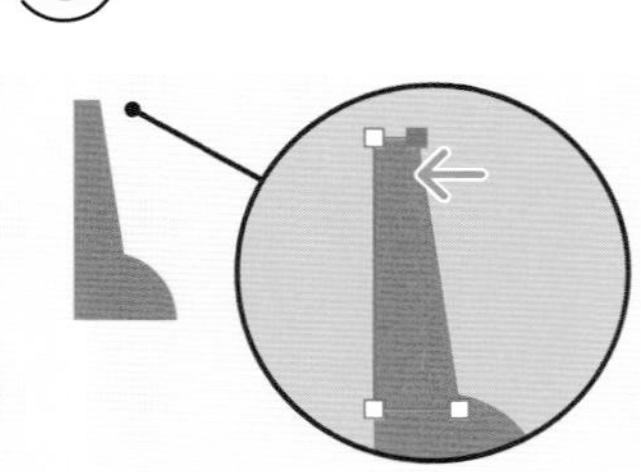

右上のアンカーを移動

ダイレクト選択ツールで右上のアンカーポイントを水平左に移動。

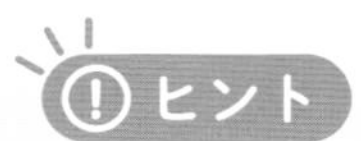

特定の角のみ丸くする

ダイレクト選択ツールで選択すると、角の内側に丸印が表示されます。これをドラッグして角を丸くする機能をライブコーナーと言います。

普通に選択すると全ての角が同時に丸くなりますが、特定のアンカーポイントのみを選択すると、そのアンカーポイントのある角のみが変形します。

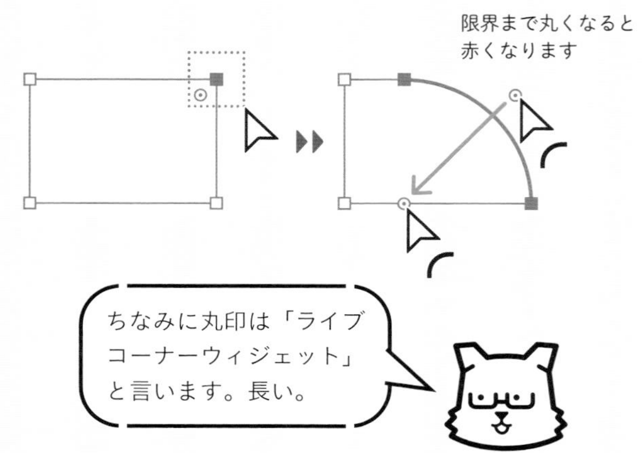

限界まで丸くなると
赤くなります
ちなみに丸印は「ライブコーナーウィジェット」と言います。長い。

STEP 7

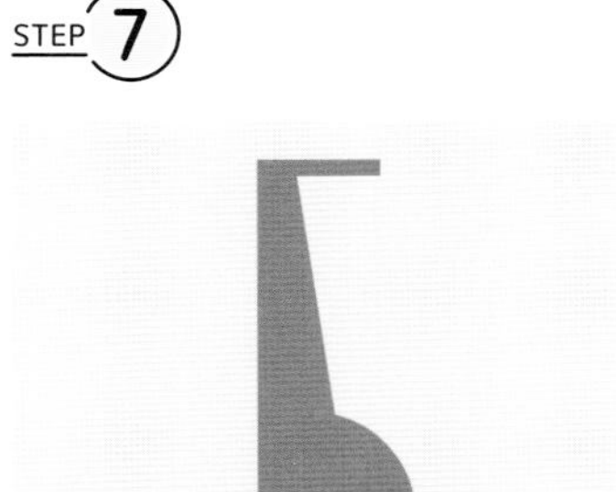

横長の長方形を描く

左上に合わせて、赤い横長の長方形を描く。

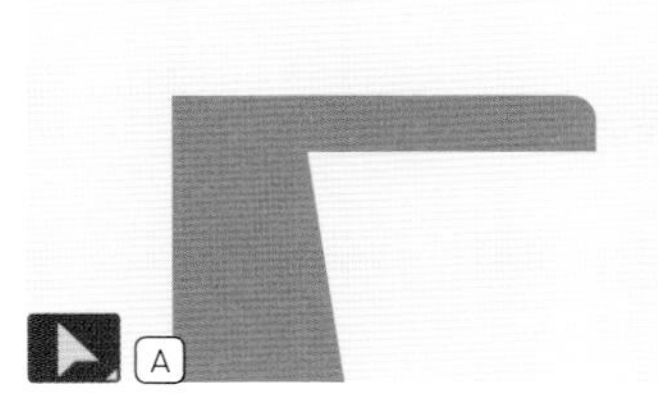

右上の角を少し丸くする

長方形の右の角をライブコーナーで少し丸くする。

STEP 9

効果 回転体（クラシック）

効果＞3Dとマテリアル＞3D（クラシック）＞回転体（クラシック）

※旧バージョンは 効果＞3D＞回転体

NEXT

表面を「陰影（艶消し）」に

左下にある「表面」を「陰影（艶消し）」に変更。ヒント

「表面」の設定

3Dモデルの陰影などの設定です。デフォルトの「陰影（艶あり）」は光沢が強くなりますが、「陰影（艶消し）」は光沢が拡散して柔らかい見た目になります。

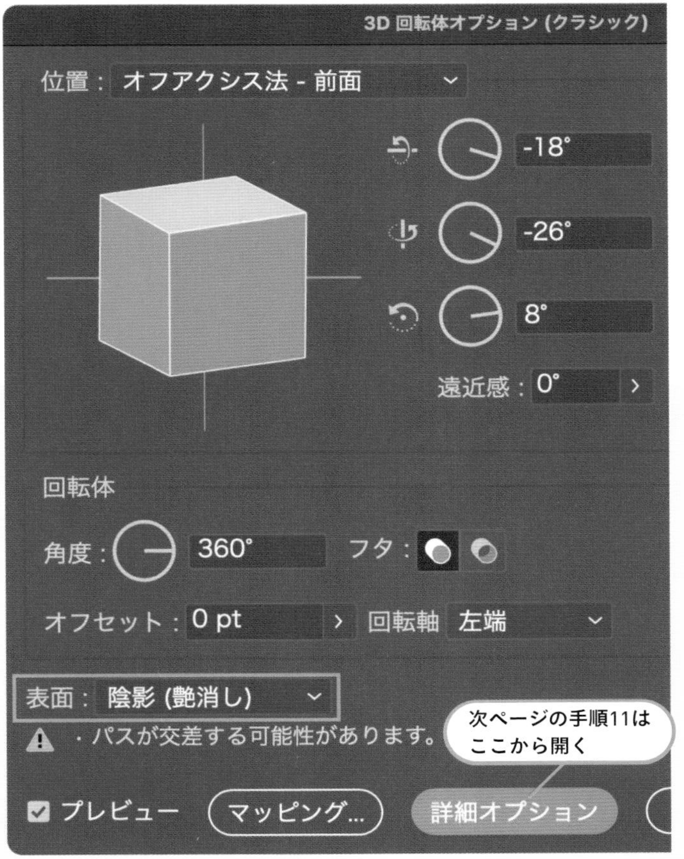

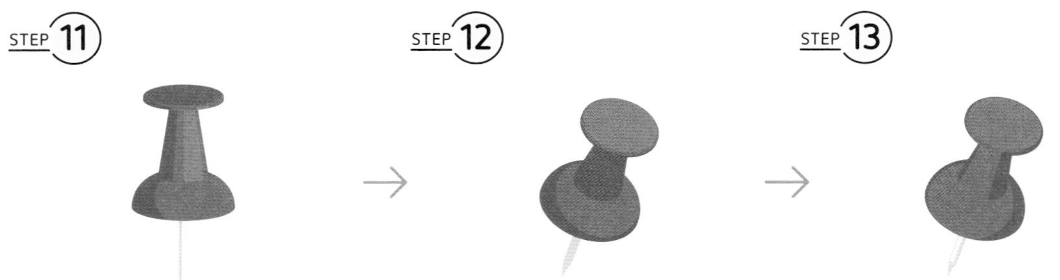

ブレンドの階調を3に

「詳細オプション」を開き、ブレンドの階調を3に。ヒント

3Dの角度を調整

「位置」の立方体をドラッグで回転させ、角度を調整する。ヒント

ライトを調整

左下の球上の白い点をドラッグし、光源の位置を調整して完成。ヒント

オブジェクト＞アピアランスを分割 でパス化もできます。

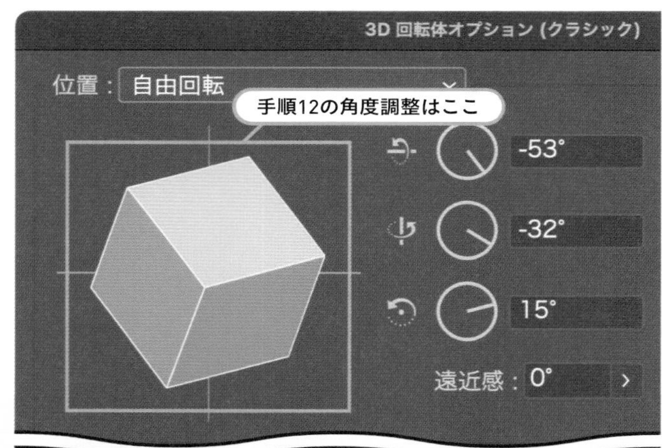

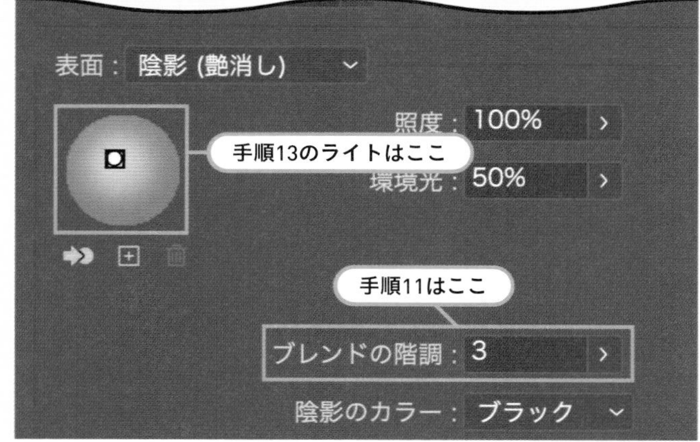

ヒント

ブレンドの階調

陰影のグラデーションの滑らかさの設定で、数値が小さいほど色数が減ります。今回はイラスト調にしたいので、色数は極端に小さくしています。

3D（クラシック）の特徴

Illustrator 2022 より「効果 3D」は「効果 3Dとマテリアル」に刷新されました。それぞれの違いを理解して使い分けていきましょう。

3D（クラシック）とは

アップデートにより「効果 3D」は「効果 3Dとマテリアル」という別の効果になりました。しかし従来の効果が消えたわけではなく、「3D（クラシック）」と名称を変更し、「3Dとマテリアル」の中に格納されています。

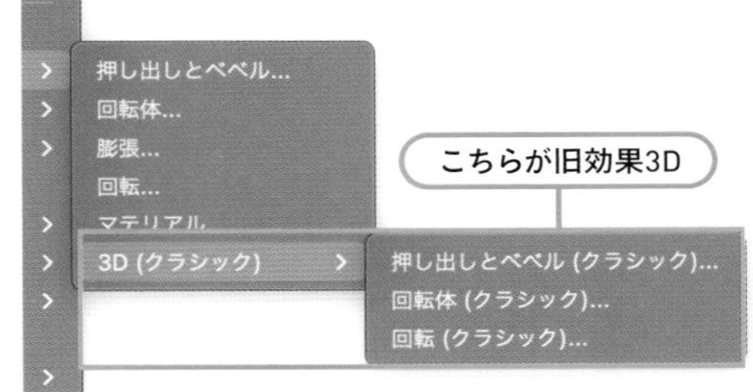

新旧効果3Dの使い分け

新旧でそれぞれできることとできないことがありますが、個人的に最大の違いは新効果3Dの場合、生成される3Dはパスではなく画像になってしまう点です。後からパスとして編集したり、アピアランスで加工をしたい場合は旧効果3Dに軍配が上がります。また、新効果3Dはリアルな立体物の描写はとても優れていますが、今回のレシピのように色数を絞ってイラスト調にするといった加工は（22年11月時点では）旧効果3Dの方が得意です。

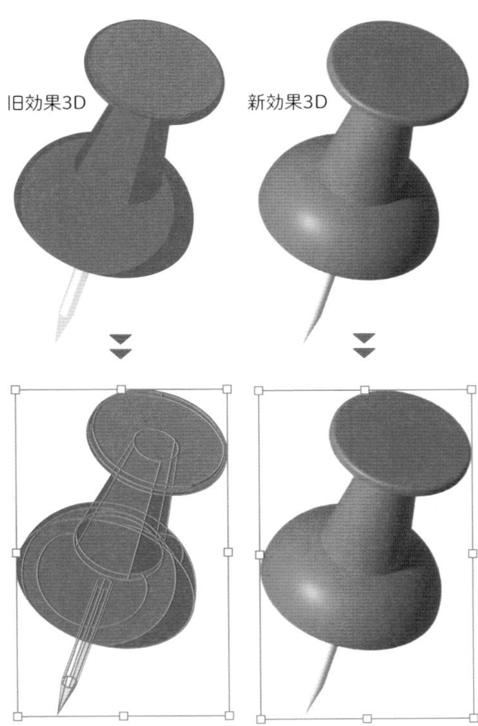

RECIPE

11

ビーチボール

効果3Dとマテリアル の「マッピング」なら、立体物の表面に別のオブジェクトを貼り付けることができます。立体物の表現がグッと広がりますよ。

動画でも解説！

STEP 1

M

2：1の長方形を描く

長方形ツールでクリックし、幅と高さの比率が2：1の長方形を描く。

STEP 2

V

長方形を複製

長方形をコピーし、別の場所に置いておく。

STEP 3

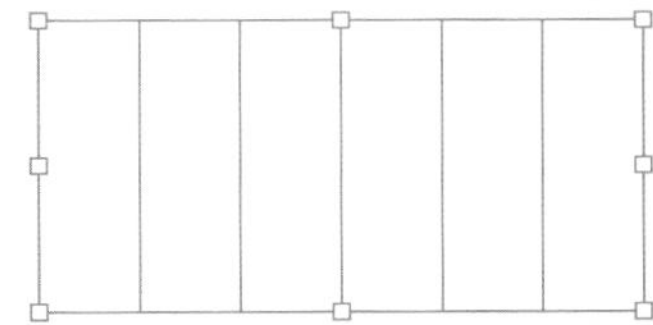

グリッドに分割 で6等分

片方を **オブジェクト＞パス＞グリッドに分割** で列の段数を６。ヒント

STEP 4

塗り分けする

長方形の色を上図のように塗り分ける。

STEP 5

コピーした長方形を重ねる

手順2でコピーした長方形を、前面の同じ位置に重ねて配置。

STEP 6

NEXT

上に向かって縮小

重ねた長方形を上に向かって縮小して細長い長方形に。

グリッドに分割

パスを指定した段数の四角形に分割する機能。余白も空けれてとても便利。

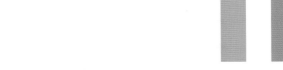

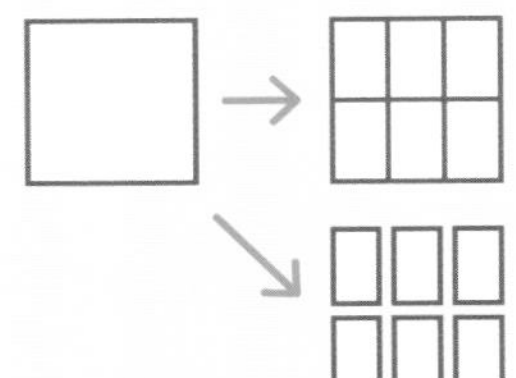

グリッドに分割

行
段数：1
高さ：300 px
間隔：12 px
合計：300 px

列
段数：6
幅：100 px
間隔：0 px
合計：600 px

間隔は0に！

STEP 7

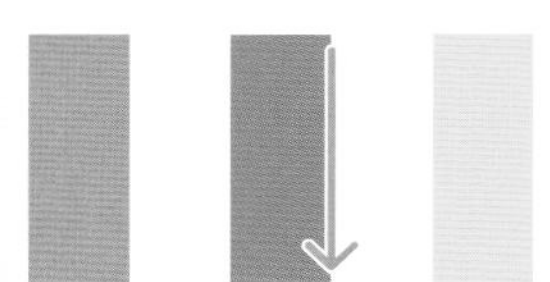

細長い長方形を移動コピー

Shift + Option（Alt）+ドラッグで下の辺に合わせて移動コピー。

STEP 8

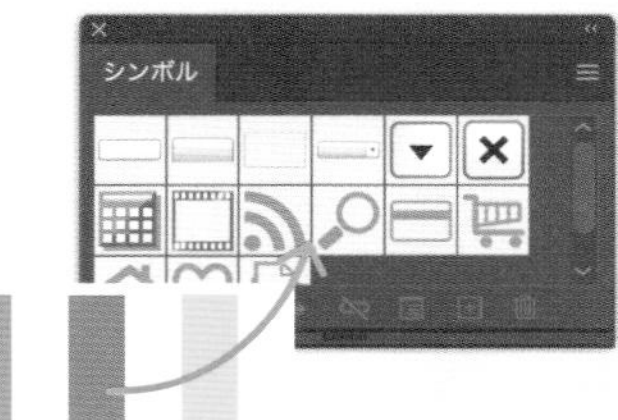

シンボルに登録

全選択し、シンボルパネルにドラッグし、設定はそのままOK。ヒント

STEP 9

L

正円を描く

楕円形ツールで正円を描く。線はなしで白い塗りのみに。

STEP 10

A

左半分を削除

ダイレクト選択ツールで左半分を選択して削除。

STEP 11

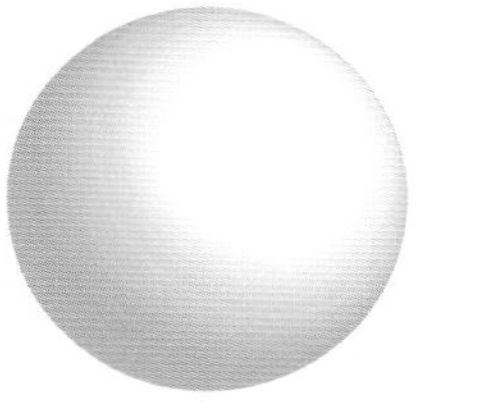

効果 回転体（クラシック）

効果＞3Dとマテリアル＞3D（クラシック）＞回転体（クラシック）

※旧バージョンは 効果＞3D＞回転体

STEP 12

NEXT

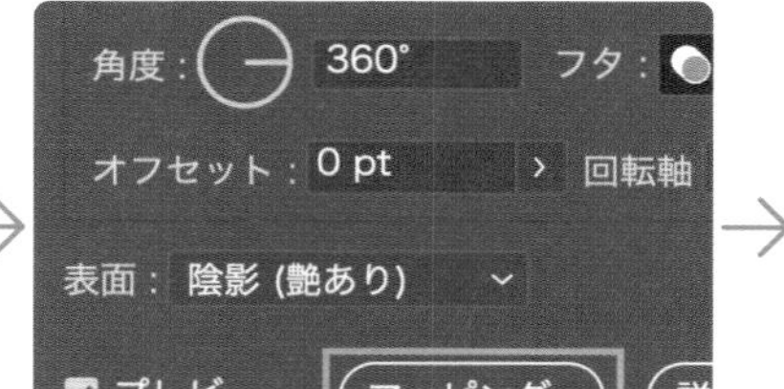

マッピングを開く

開いたウィンドウの下にある「マッピング」をクリック。

ヒント

なぜシンボルに登録するのか

シンボルは登録したオブジェクトのコピー（インスタンスと言います）を作成する機能で、同じオブジェクトを何度も使う際のファイルサイズの節約になったり、それらを一括で編集したりできます。

しかし今回はそれとは関係なく、単に手順13で使用する「マッピング」はシンボルしか使えないからです。

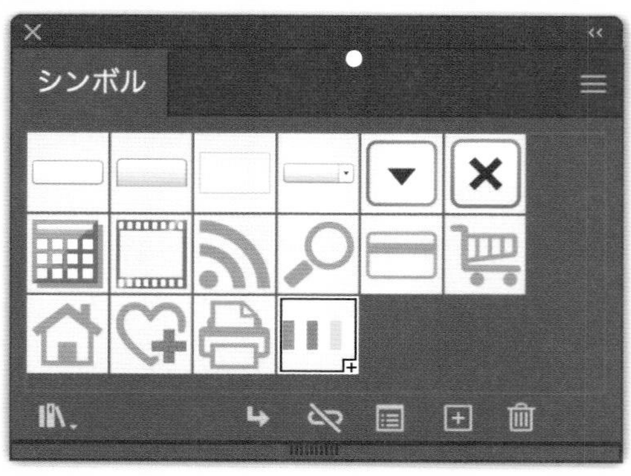

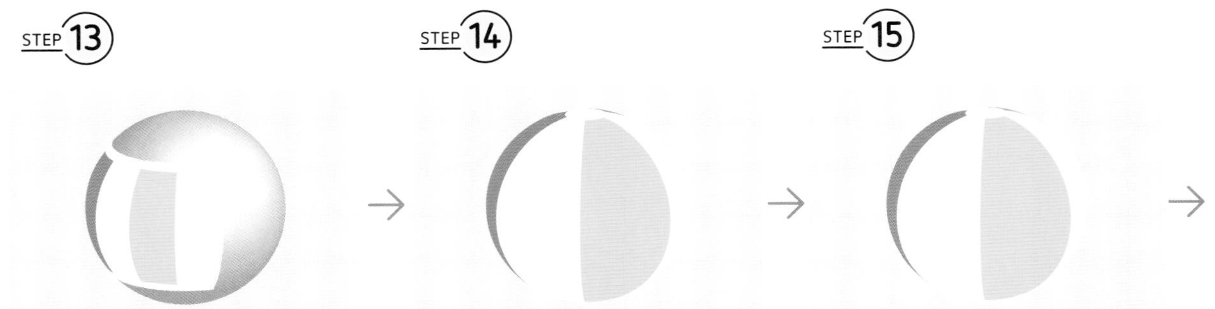

シンボルを変更

左上の「シンボル」を、手順8で登録したシンボルに変更。ヒント

面に合わせる

左下の「面に合わせる」をクリック。ヒント

構造体を表示しない

右下の「構造体を表示しない」をオンにし、OKをクリック。ヒント

NEXT➔

3Dの角度を調整

3D回転体オプションに戻り、立方体で角度を調整してOKで閉じる。

アートをマップ

3Dの表面にシンボルを貼り付ける機能です。貼り付けた様子はアートボードでリアルタイムでプレビューされます。

「構造体を表示しない」にチェックすると、元々の3Dモデルが非表示になります。

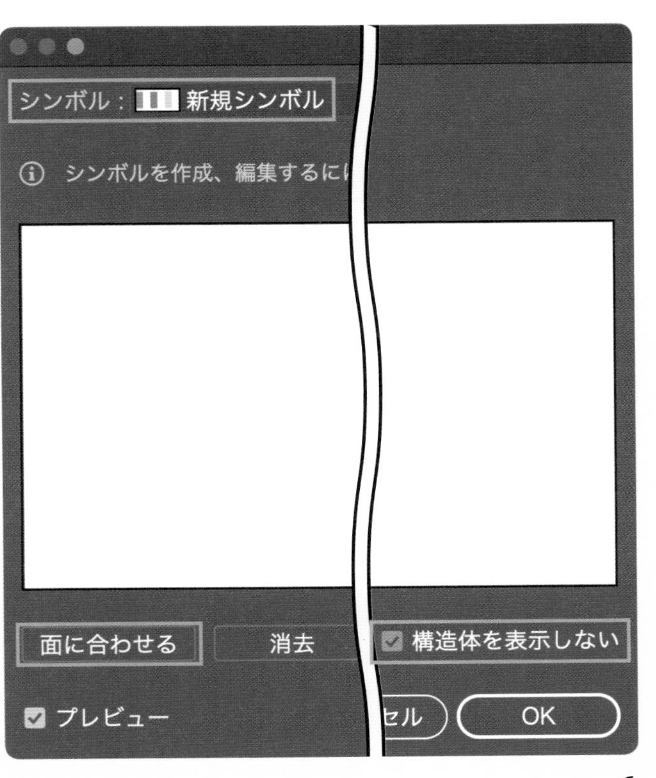

STEP 17

アピアランス
グループ
内容
不透明度： 初期設定

グループ化

選択し、**オブジェクト>グループ**。

STEP 18

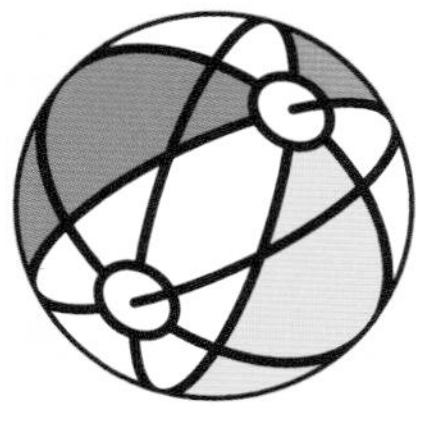

新規線を追加

アピアランスパネルで新規線を追加し、線幅や色などを整える。

STEP 19

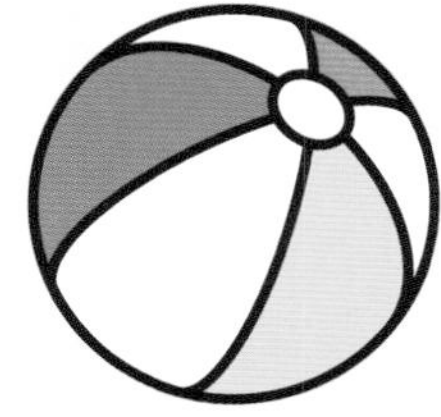

効果 刈り込み

効果>パスファインダー>刈り込みを適用して完成。ヒント

効果3D（クラシック）は正直かなり不安定な機能で、謎の表示崩れをすることもあります。その際は少し拡大・縮小したりして描画をやり直させてください。

右図は完成時のアピアランスパネルです

パスファインダー 刈り込み

塗りが重なった場合、背面に隠れて見えなくなった部分を削除するパスファインダーです。線は削除されます。

3Dは裏側の見えない部分にもパスが存在しており、新規線を追加すると手順18のようになります。背面にあるパスを「刈り込み」で削除することで、手順19のように前面のパスにのみ線がつきます。

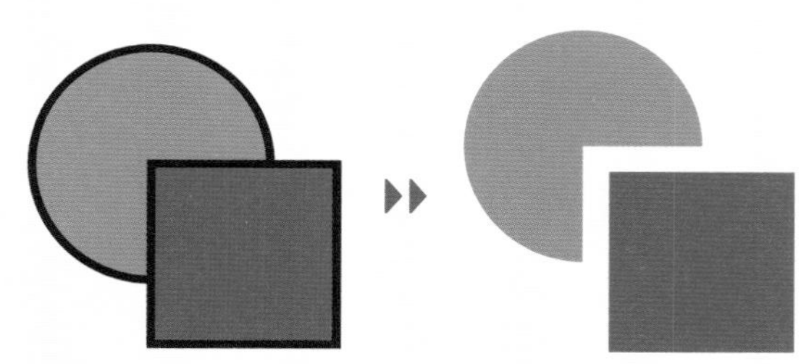

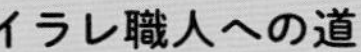

「効果」のパスファインダーって何？

パスファインダーはパネルから使用するものと、効果メニューから使用するものがあります。これらはどんな違いがあるのかを解説します。

パネルと効果は別物

結論から言うと別物です。効果のパスファインダーは「適用するとこんな見た目になります」というシミュレーションのようなもので、適用しても実際にパスの形状は変化しません。p.17で解説した「アピアランスを分割」することで、初めてパスの形状が変化します。

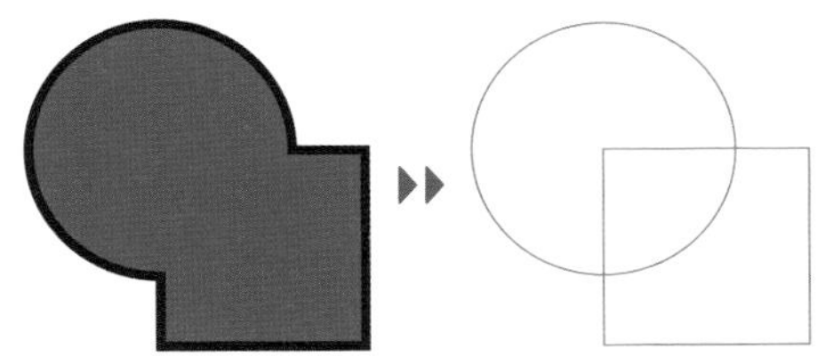

効果のパスファインダーで結合してもパスは変化しない

複数のパスに適用する

効果のパスファインダーを使っても変化せず、混乱した覚えのある人も多いでしょう。効果のパスファインダーは複数のパスを重ねてグループ化した状態で適用したり、塗りや線を効果で別々に変形・移動した状態で適用する必要があります。

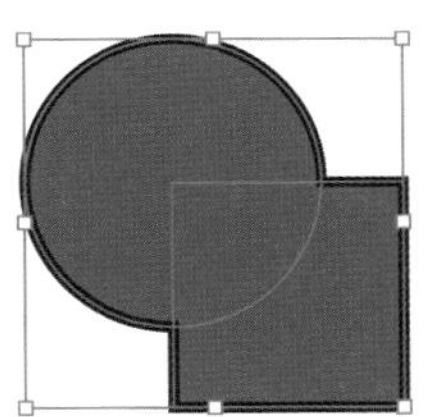

グループ化してから使おう

使うメリットは？

効果を削除して元の状態に戻したり、効果を適用したままパスを個別に移動・変形させることもできます。他の効果と組み合わせることでより高度な作業も可能な、いわゆる「非破壊データ」を作ることができるようになります。

p.153の立体文字やp.160の影付きロゴなど、アピアランスで文字を加工する場合にも使います。

Chapter 2
パターン

RECIPE
12

鱗文様

塗りや線の色を模様にする「パターンスウォッチ」を、自分で作ってみましょう。慣れてしまえば素材とかを探してくるより早いですよ。

動画でも解説！

STEP 1

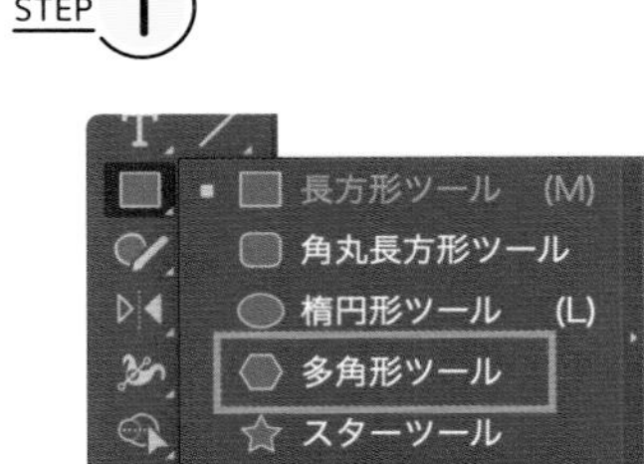

多角形ツールに切替

長方形ツールのアイコンを長押しして選択する。

STEP 2

ドラッグ状態を維持する

多角形ツールでドラッグし、その状態を維持する。

STEP 3

下キーで三角形に変換

キーボードの下キーを3回押す。Shiftを押しながらドラッグを終了。

STEP 4

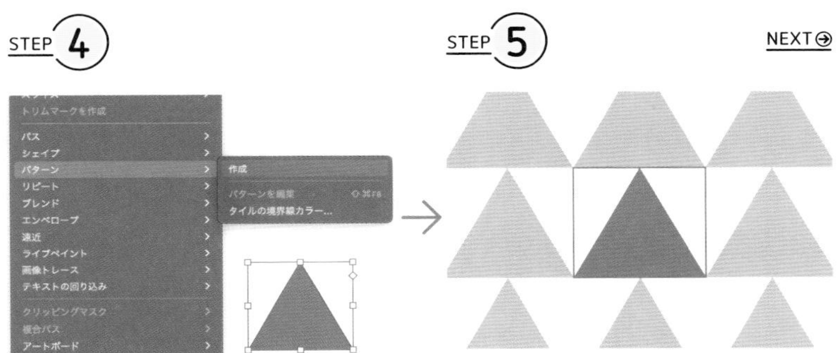

三角形をパターン化

三角形を選択し、**オブジェクト>パターン>作成**。

STEP 5

NEXT

パターン編集モードへ移動

パターン編集モードに移行。表示されるダイアログは閉じる。ヒント

ヒント

パターン編集モード

オブジェクトメニューからパターンを作成すると、パターン編集モードへ移動します。ここでパターンを編集し、編集モードを終了すると元の画面に戻ります。(まだ閉じないでください)

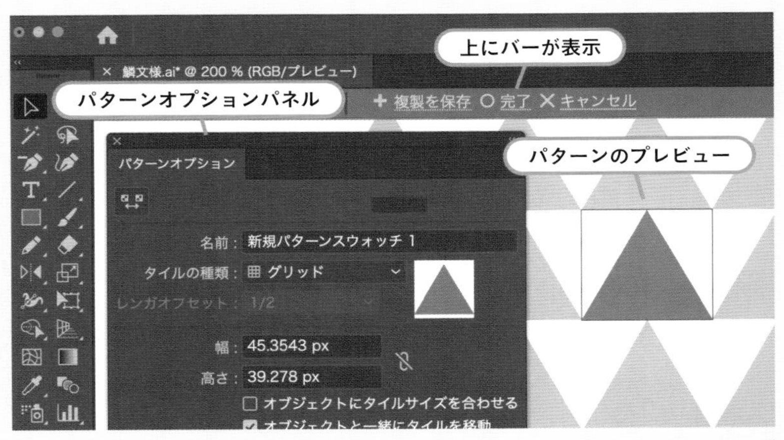

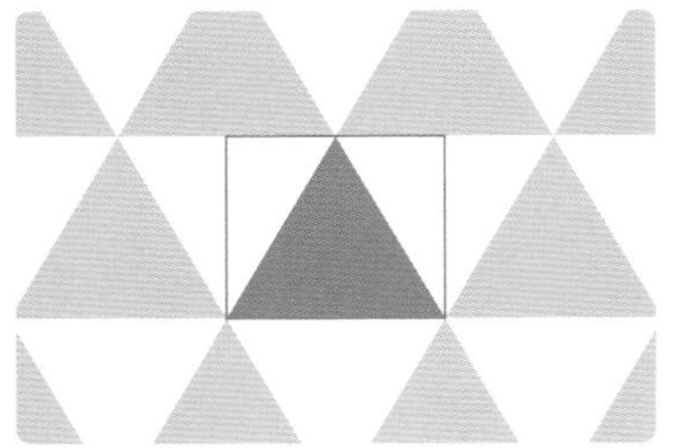

タイルの種類をレンガ（横）に

パターンオプションからタイルの種類を レンガ（横）に。 ヒント

STEP 7

完了を押して編集を終了

上に表示されたバーから「完了」をクリックし、パターン編集を終了。

STEP 8

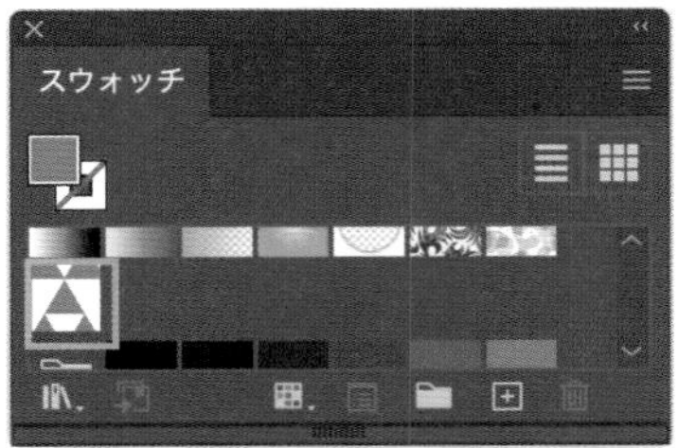

パターンを塗りに適用

スウォッチパネルから、塗りを作成したパターンスウォッチに変更。

STEP 9

図形を描く

長方形ツールなどで図形を描いて完成。

ヒント

タイルの種類

パターンの並べ方の設定です。「レンガ（横）」にすると横方向は真っ直ぐ並び、縦方向は斜めに並びます。

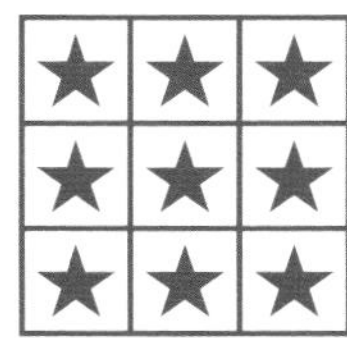

グリッド

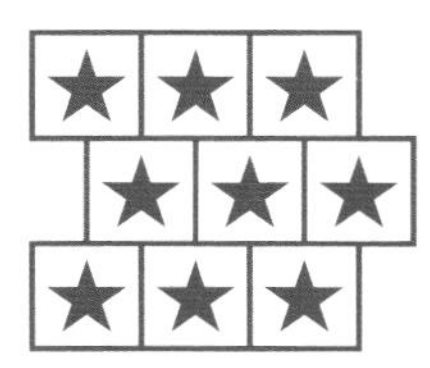

レンガ（横）

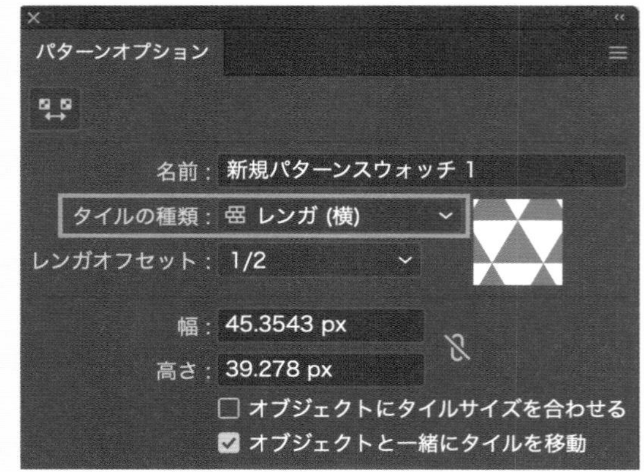

パターンの作り方・直し方

初心者向けにパターンスウォッチの作り方と直し方の基本を説明します。イラレの中に用意されているパターンスウォッチも活用しましょう。

パターンの作り方は2種類

オブジェクトを選択した状態で **オブジェクト＞パターン＞作成** する方法と、スウォッチパネルにオブジェクトをドラッグ＆ドロップする方法があります。どちらで作っても結果は同じですが、後者はパターン編集モード（p.65参照）に移動しません。

パターンを再編集する

作成したパターンを再度編集したい場合は、スウォッチパネルからパターンスウォッチをダブルクリックしてください。パターン編集モードに移動することができます。ここで編集した結果は、すでにオブジェクトに適用しているパターンにも反映されます。

既存のパターンも編集できる

スウォッチパネル左下のスウォッチライブラリメニューの「パターン」の中に、定番のパターンが用意されています。ライブラリの中のスウォッチは一度選択すると自動的にスウォッチパネルの中にコピーされており、上記の方法で色などを編集して使うこともできます。編集しても元のライブラリの中のスウォッチは影響されないので、安心して編集してください。

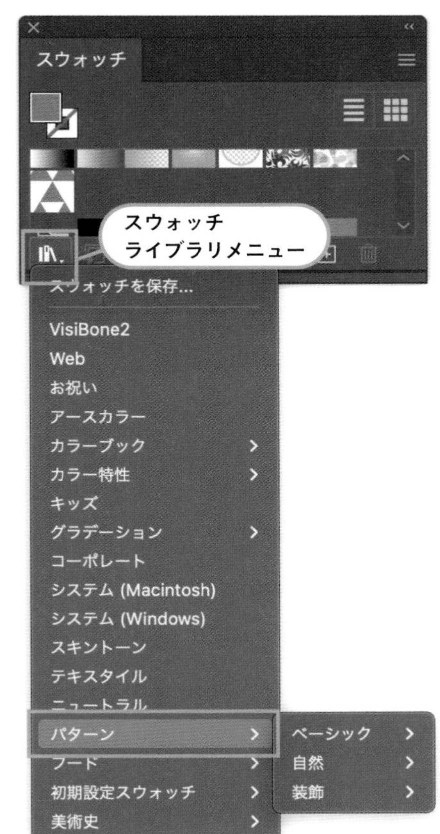

RECIPE

13 ドットパターン

パターンのタイルサイズは、パターン化したオブジェクトの大きさと等しくなります。これを利用して斜め45度に移動するパターンを作りましょう。

動画でも解説！

STEP 1

縦横比1:2の長方形を描く

長方形ツールでアートボード上をクリック。数値を入力。ヒント

STEP 2

L

中心に小さな正円を描く

楕円形ツールで Shift + Option（Alt）を押して中心から描く。

STEP 3

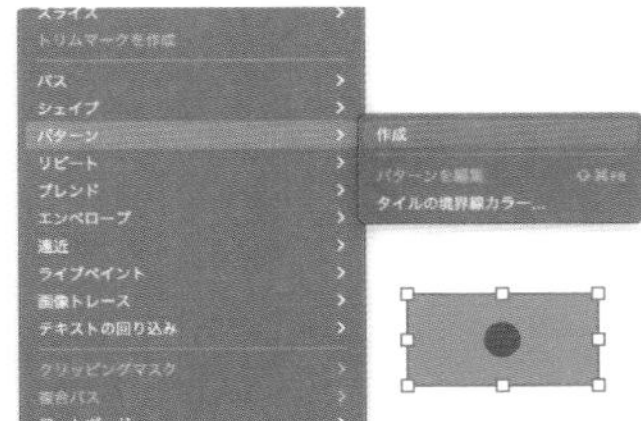

全選択してパターン化

全選択し、**オブジェクト＞パターン＞作成**。

STEP 4

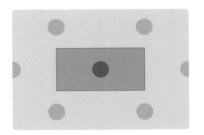

タイルの種類をレンガ（横）に

パターンオプションパネルからタイルの種類を レンガ（横）に。

STEP 5

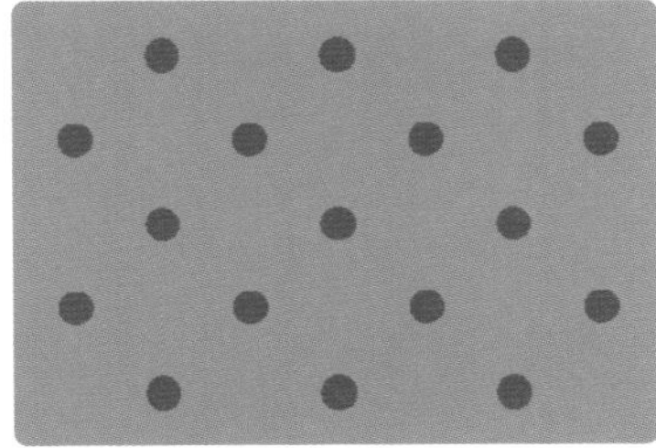

塗りに適用して完成

編集を終了し、オブジェクトの塗りにスウォッチを適用して完成。

ヒント

数値指定で図形を描く

長方形ツールや楕円形ツールなどでアートボードをクリックもしくはReturn（Enter）キーを押すと、数値指定で図形を描くことができるダイアログボックスが表示されます。大きさや比率が決まっている場合は活用しましょう。

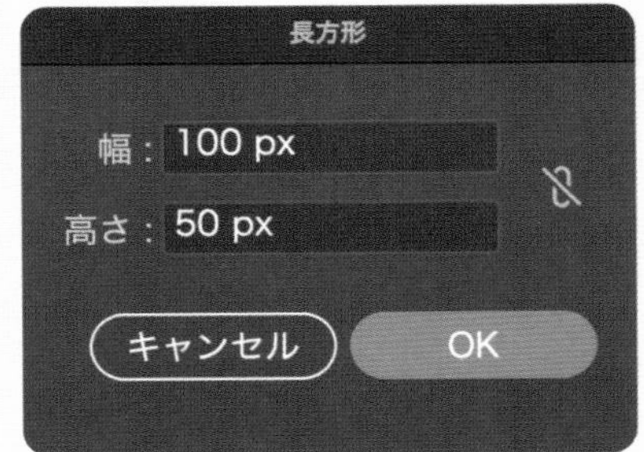

RECIPE

14

シェブロンストライプ

複雑な模様を効率的に作るには、「タイルサイズ」の仕組みを理解するのが大切です。

動画でも解説！

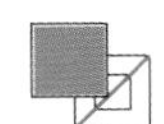

正方形を描く

長方形ツールで正方形を描く。
（横長の長方形でも良い）

STEP 2

正方形を4つ並べて塗分け

正方形をコピーし、2×2で接するように配置。下2つの色を変更。

STEP 3

全選択してパターン化

全選択し、**オブジェクト＞パターン＞作成**。

パターン編集モードの中で編集

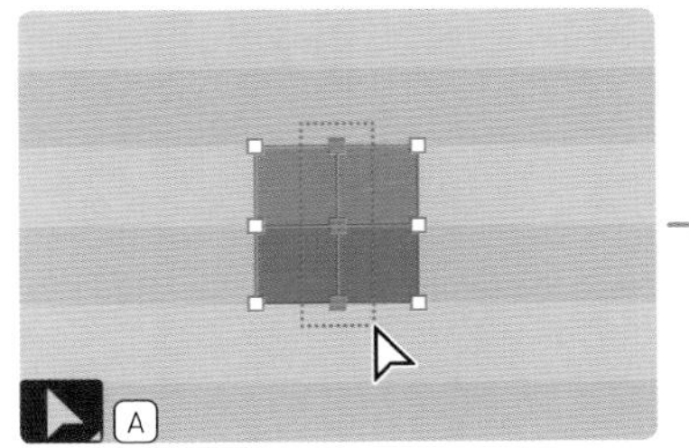

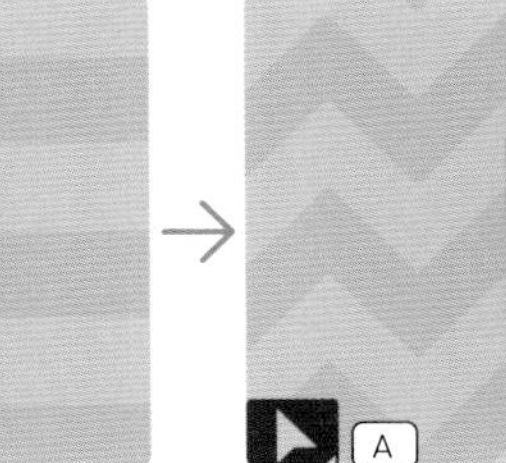

縦中央のアンカーを選択

ダイレクト選択ツールで縦中央のアンカーポイントのみを選択。ヒント

STEP 5

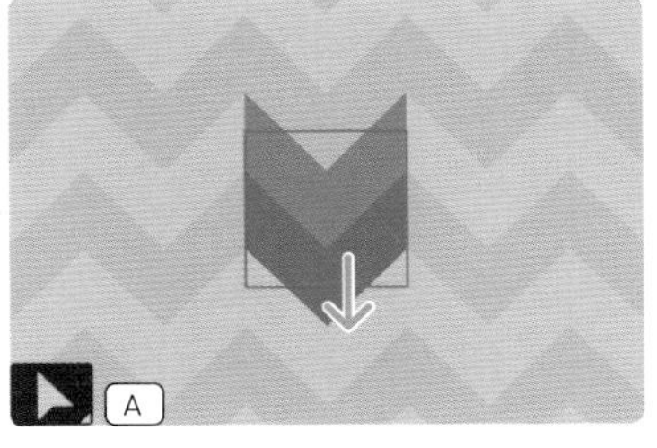

下に垂直移動

ダイレクト選択ツールで Shift を押しながら下にドラッグ。

塗りに適用して完成

編集を終了し、オブジェクトの塗りにスウォッチを適用して完成。

ヒント

タイルサイズ

パターンの繰り返しの範囲を示す青い枠をタイルといい、タイルのサイズはパターン化したオブジェクトの縦横に等しくなります。

今回のようにタイルが重なるような形状の場合は、適切なタイルサイズでパターン化してからパターン編集モードの中で編集の続きをした方が効率的な場合もあります。

この状態でパターン化すると

隙間は後で調整もできるけど手間は省きたいですね。

RECIPE

15

斜めトリコロール

正方形を斜め 45度回転させたものをパターン化すると、斜めストライプのパターンが簡単に作れます。かなり応用が効くテクニックです。

動画でも解説！

正方形を描く

長方形ツールで Shift を押しながらドラッグして正方形を描く。

STEP 2

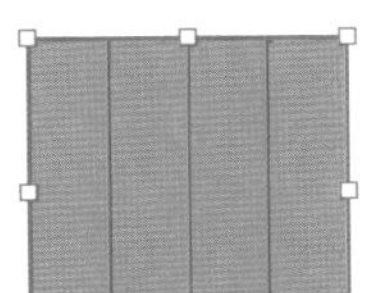

グリッドに分割で4等分

オブジェクト＞パス＞グリッドに分割 で、列の段数を4に。 ヒント

STEP 3

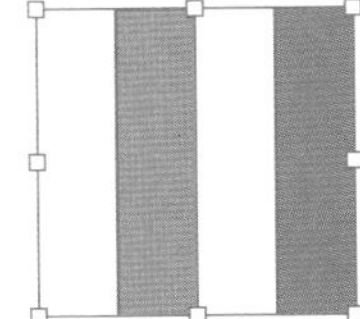

3色に塗り分けする

分割された長方形を、赤、白、青で塗り分けする。

45度回転

全選択し、Shiftを押しながら45度回転。

パターン化

全選択し、**オブジェクト＞パターン＞作成** 。

STEP 6

NEXT

タイルの種類をレンガ（横）に

パターンオプションパネルから、タイルの種類を レンガ（横）に。

グリッドに分割

作例では段数を4にしていますが、色数に合わせて変更しても大丈夫です。

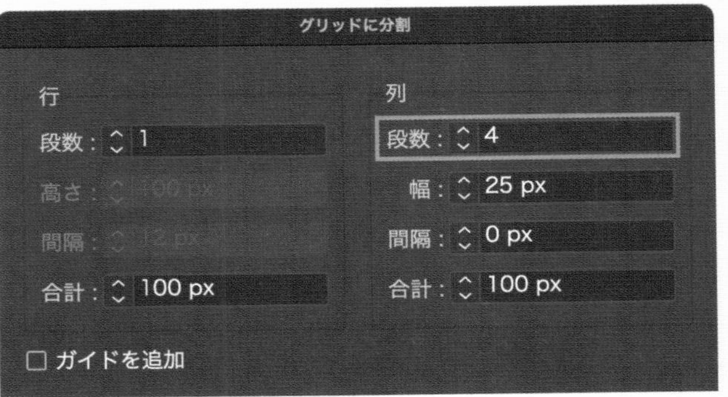

STEP 7

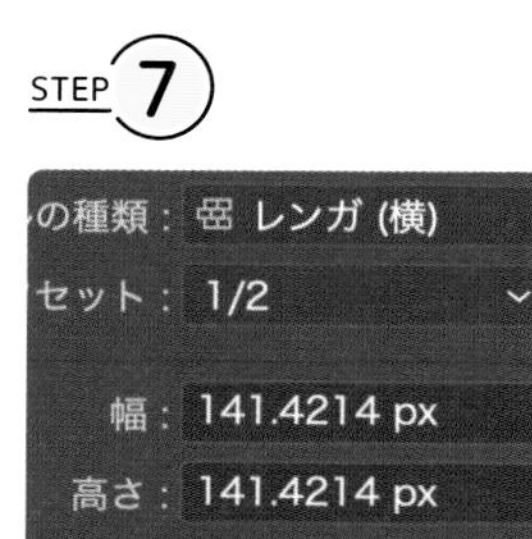

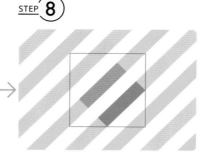

縦横比を維持をオフに

パターンオプションパネルの「縦横比を維持」をオフに。

STEP 8

高さの数値を1/2に

高さの数値の最後にカーソルを合わせ、半角で「/2」と追記。ヒント

STEP 9

塗りに適用して完成

編集を終了し、オブジェクトの塗りにスウォッチを適用して完成。

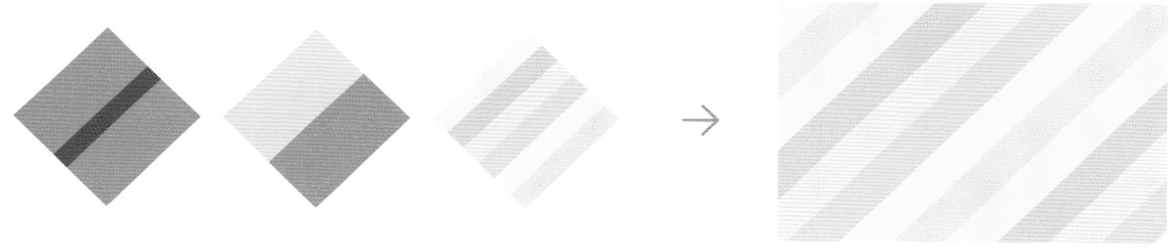

正方形に模様を配置するだけなので、さまざまなパターンに応用できます。
色々試してみてください。

ヒント

数値を半分に計算する

高さの数値を半分にするなどの簡単な計算であれば電卓を使う必要はありません。数値を選択しカーソルを一番最後に合わせ、「/2」（/ はスラッシュ）を追記し、Return（Enter）で確定してください。数値が1/2に計算されます。

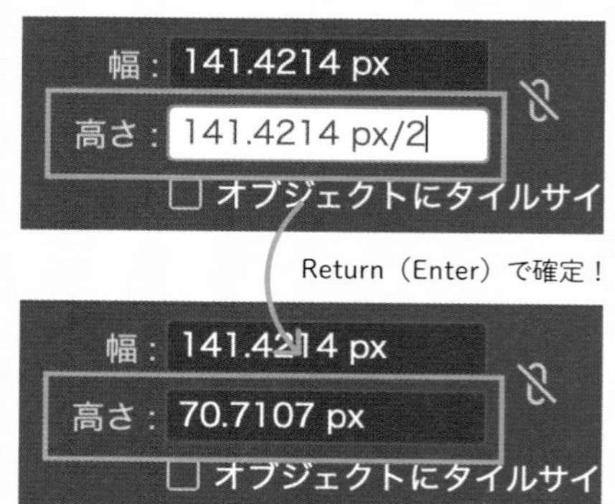

イラレで四則計算

足し算や掛け算などの簡単な四則計算なら、Illustratorの中で行うことができます。電卓や表計算ソフトを用意する必要はありません。

四則計算のやり方

カーソルを数値の末尾に合わせ、演算記号で計算式を追加して入力を確定すると計算がされます。記号は以下の通りです。

足し算　+（プラス）
引き算　-（マイナス）
掛け算　*（アスタリスク）
割り算　/（スラッシュ）

一度に複数の計算はできないので、まず割り算を確定させ、その後で掛け算を行う、といった使い方をしてください。

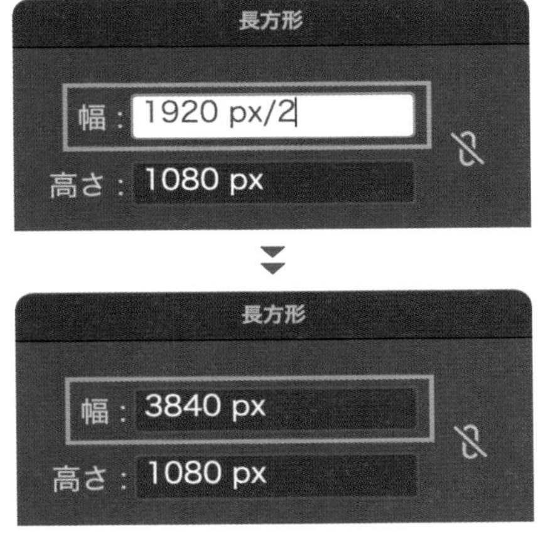

割合で計算する

今入力している数値を75%にする、という計算も可能です。数値を全選択して、「75%」などの割合で上書きしてください。入力を確定すると元々の数値が割合で計算されて表示されます。

RECIPE

16

リピートでサンバースト

「線幅プロファイル」なら、線の太さにメリハリをつけることができます。線を伸ばしても一緒に変形してくれる気の利いたヤツです。

動画でも解説！

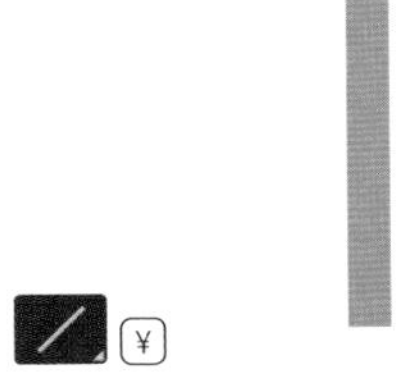

垂直線を引き、線幅を太く

直線ツールで垂直線を引き、線幅を大きくする。

STEP 2

線幅プロファイル4を適用

線パネルのプロファイルを 線幅プロファイル4 に変更。ヒント

STEP 3

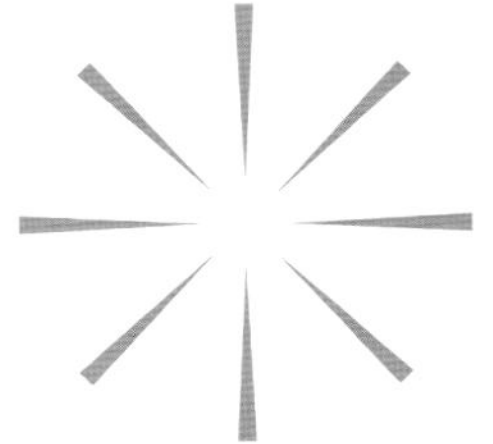

リピート＞ラジアル を適用

全選択し、**オブジェクト＞リピート＞ラジアル**を適用。

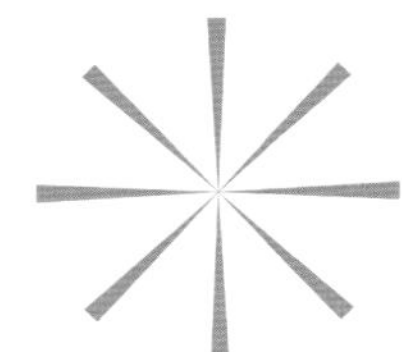

リピートの設定方法はp.20参照

リピートの半径を小さく

プロパティパネルからリピートの半径を小さくする。

STEP 5

インスタンス数を増やす

リピートのインスタンス数を増やして完成。

手順4の半径は、垂直線の長さの半分の数値にすると綺麗な出来になります。

ヒント

線幅プロファイル

線の太さにメリハリをつけることができる機能で、今回使用したもの以外にも様々な形状があります。線幅で強さを調整可能で、線を変形させても崩れません。

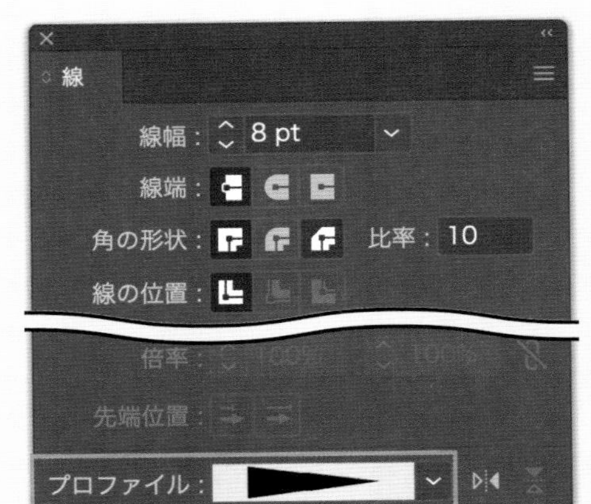

RECIPE

17 モロッカン柄

ライブコーナーは角丸だけではなく、逆向きの角丸など別の形状にも変更できます。使いこなすことができればかなり作図の時短になります。

動画でも解説！

STEP 1

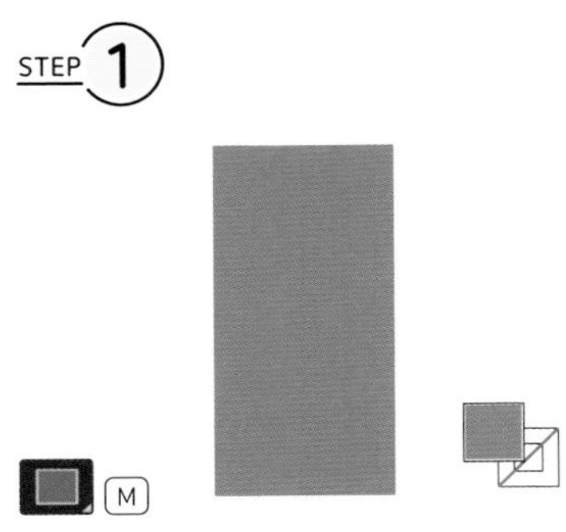

1:2の長方形を描く

長方形ツールでクリックし、幅と高さの比率が1:2の長方形を描く。

STEP 2

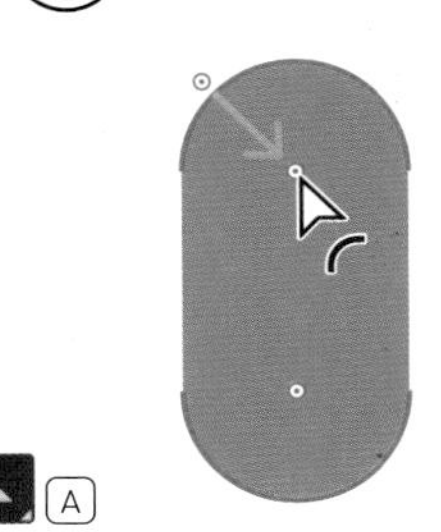

ライブコーナーで角を丸く

ダイレクト選択ツールで角の丸印をドラッグし角を最大まで丸くする。

STEP 3

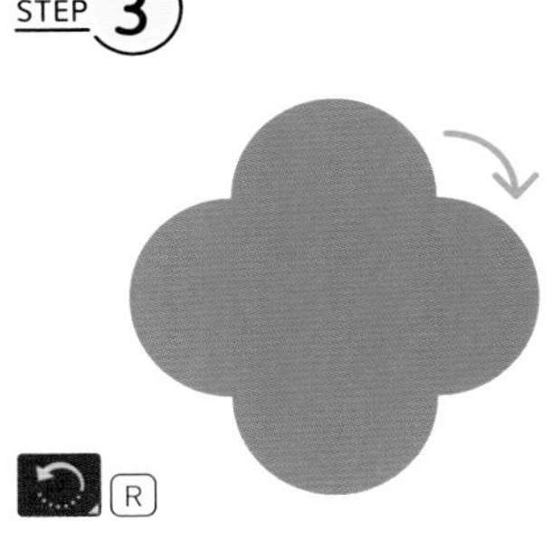

90度回転コピー

回転ツールに切り替え、Shift + Option（Alt）+ ドラッグ。

STEP 4

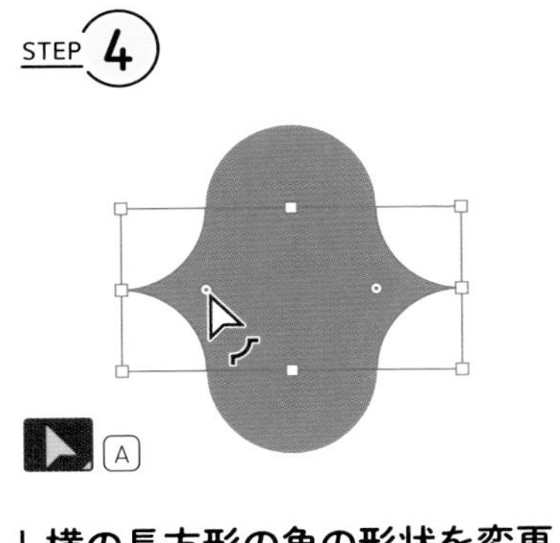

横の長方形の角の形状を変更

ダイレクト選択ツールで丸印をOption（Alt）+ クリック。ヒント

STEP 5

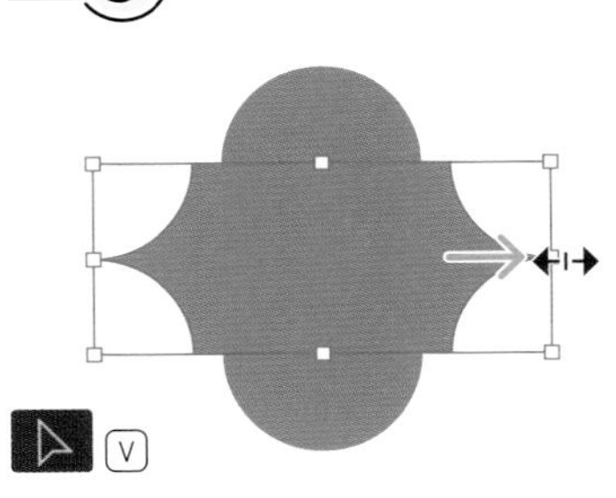

水平方向に少し拡大

選択ツールで Option（Alt）を押しながら水平方向に少し拡大。

STEP 6

NEXT

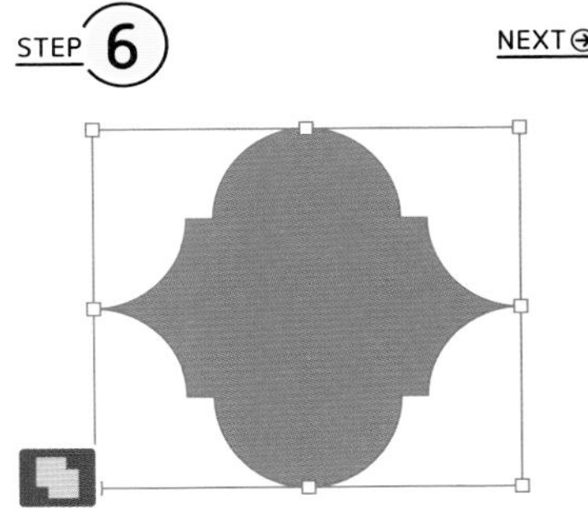

パスファインダー＞合体

全選択し、**パスファインダー＞合体**で結合。

角の形状を変更

ライブコーナーは通常の角丸以外にも、角丸（内側）と面取りに切り替えることができます。

切り替えるにはダイレクト選択ツール（A）で丸印を Option（Alt）+ クリック するか、丸印をドラッグ中にキーボードの上下キーを押すなどの方法があります。

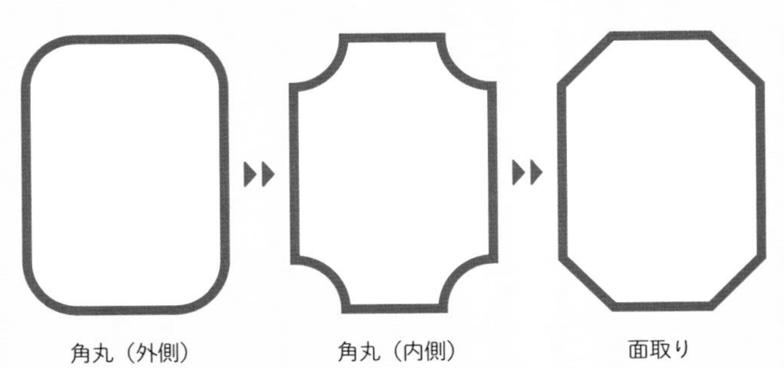

STEP 7

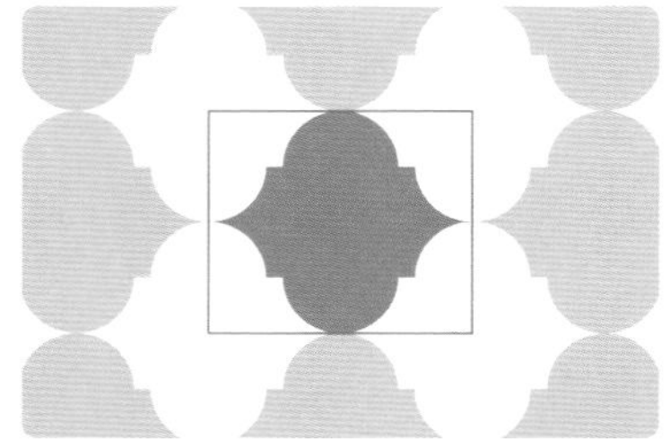

全選択してパターン化

全選択し、**オブジェクト＞パターン＞作成**。

STEP 8

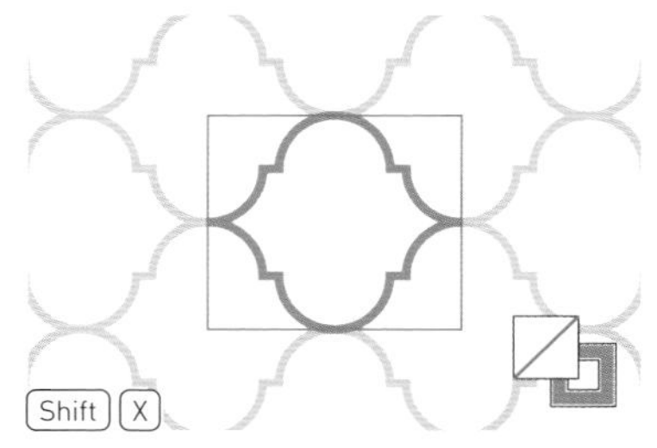

塗りと線を入れ替え

パターン編集モード上でオブジェクトの塗りと線を入れ替え。

STEP 9

線幅と線の位置を整える

線幅を調整し、線の位置を中央に揃える。

STEP 10

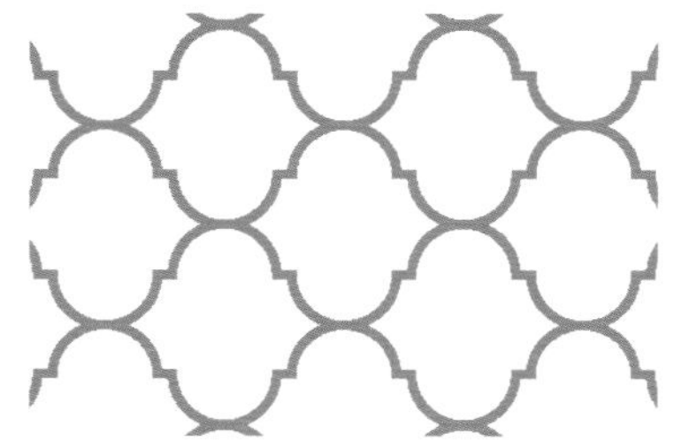

塗りに適用して完成

編集を終了し、オブジェクトの塗りにスウォッチを適用して完成。

背景色も塗りたい場合は、手順7をこの状態でパターン化してください。

ヒント

線のパターンの注意事項

タイルサイズはパターン化したオブジェクトの大きさに合わせて変化しますが、パスの形だけではなく線幅も大きさに含められます。パスの形のみでタイルサイズを指定したい場合は、線の色がない状態でパターン化すると手間が省けます。

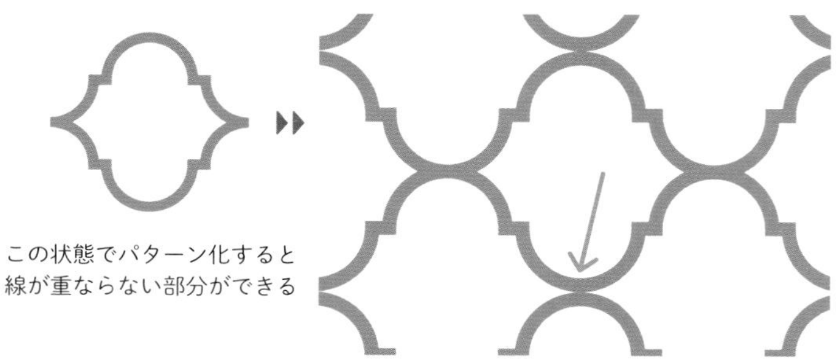

この状態でパターン化すると
線が重ならない部分ができる

パターンに謎の線が出る時の対処法

パターンスウォッチを適用した画像を書き出すなどすると、パターンの境界に謎の白い線が入る時があります。その対応策を紹介します。

効果＞ラスタライズ を適用しよう

書き出した画像などに白い線がでてしまった場合、パターンを適用したオブジェクトに 効果＞ラスタライズ を適用してください。書き出した際に白い線が消えるはずです。

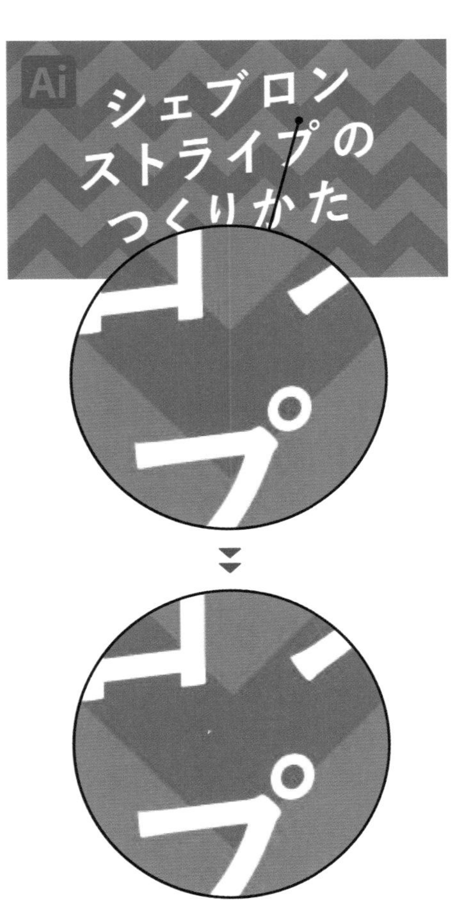

画質が荒い場合は、効果 ラスタライズの設定から解像度をあげてください。

ラスタライズとは？

「ラスタライズ」とはオブジェクトをラスター画像（ベクターではなくドットの画像）に変換する機能です。オブジェクトメニューと効果メニューにそれぞれラスタライズがありますが、今回は効果の方を使用してください。オブジェクトメニューの場合は画像化すると元のパスに戻せなくなりますが、効果の場合はIllustrator上ではパスの状態を維持できます。

RECIPE
18

多色サンバースト

3色以上のサンバーストは、アートブラシを自作すると簡単です。色の数や長方形の太さはお好みでどうぞ。

動画でも解説！

STEP 1

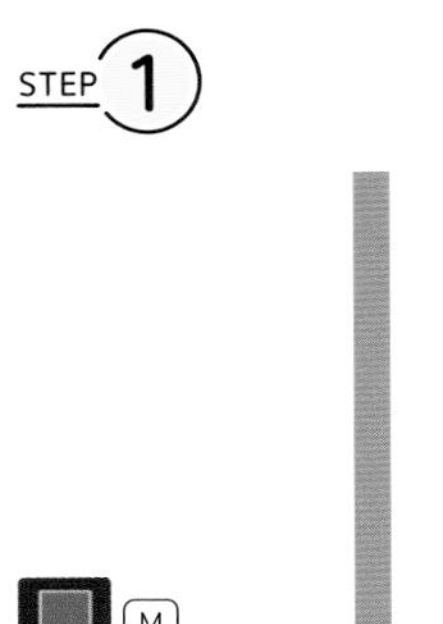

縦に細長い長方形を描く

長方形ツールで長方形を描く。高さの数値はメモしておく。

STEP 2

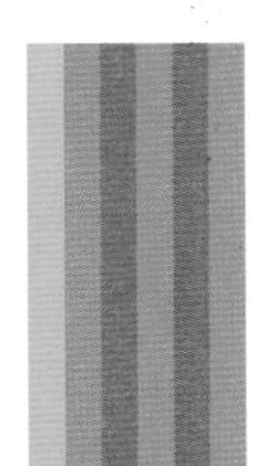

横にコピーして色分け

横に接するように数回コピーし、複数の色で塗り分ける。

STEP 3

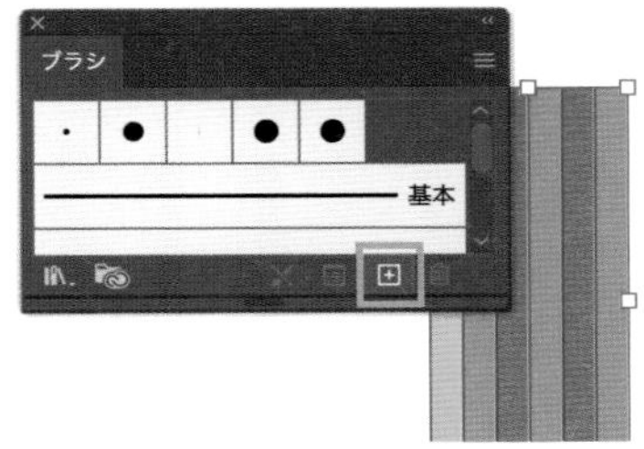

新規ブラシに登録

全選択し、ブラシパネルから 新規ブラシ をクリック。

新規ブラシの種類を選択：

- ○ カリグラフィブラシ
- ○ 散布ブラシ
- ○ アートブラシ
- ◉ パターンブラシ
- ○ 絵筆ブラシ

パターンブラシに設定

パターンブラシを選択し、オプションは変更せずOKで閉じる。

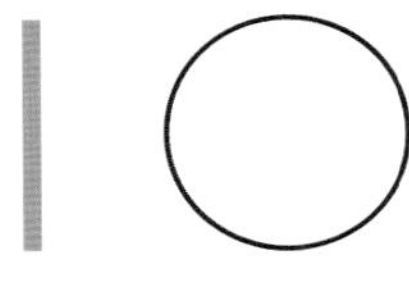

同じ高さの正円を描く

手順1の長方形の高さに等しい直径の正円を描く。線幅は 1pt 。ヒント

STEP 6

パターンブラシを適用

正円に作成したパターンブラシを適用して完成。

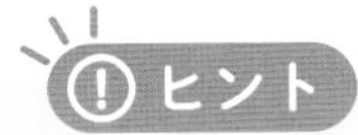

自作したブラシのサイズ

ブラシは線幅を1ptにするとブラシに登録したオブジェクトと同じ大きさになります。なので同じ高さで線幅 1ptの正円に適用すると、中心まで綺麗に埋まることになります。

完成後に拡大・縮小する場合は、オブジェクト＞アピアランスを分割 でパス化しましょう。

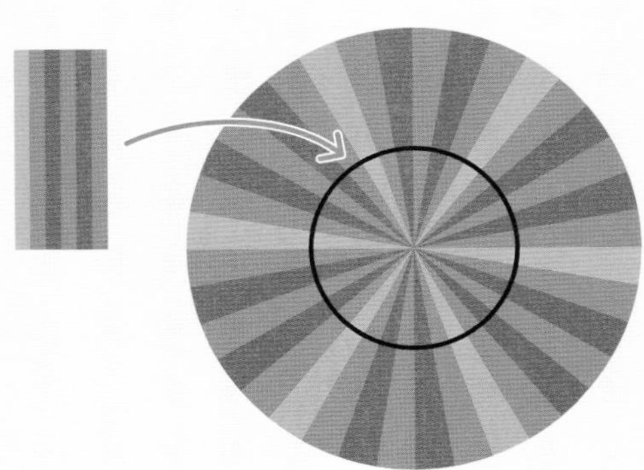

RECIPE
19

マーブリング

「うねりツール」はなかなか扱いが難しいですが、各種設定のやり方がわかると思った通りの変形を作り出すことができます。
動画でも解説！

STEP 1

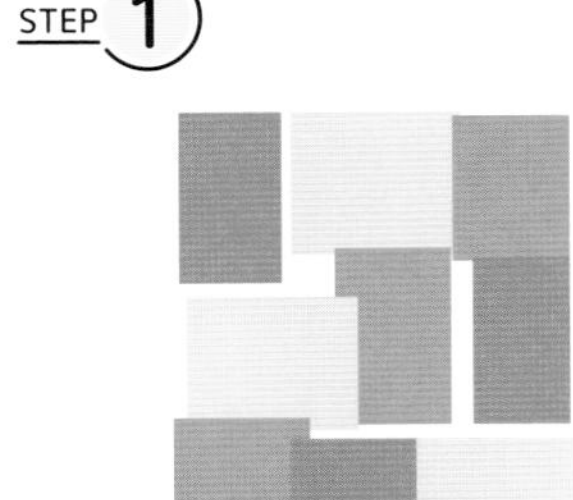

ランダムに四角形を描く

長方形ツールで3～4色のランダムな大きさの四角形を散らして描く。

STEP 2

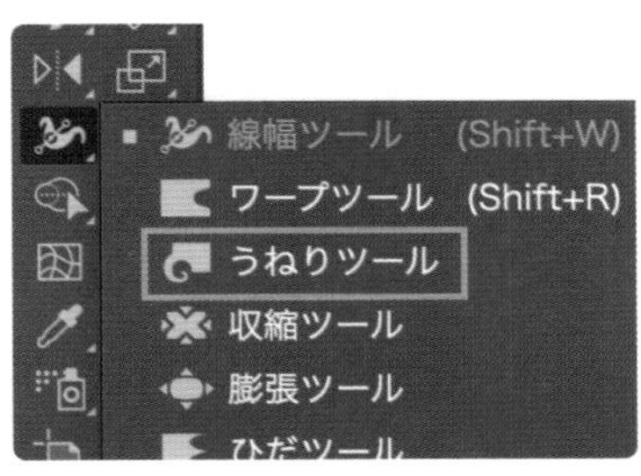

うねりツールに切替

全選択し、線幅ツールを長押ししてうねりツールに切り替え。

STEP 3

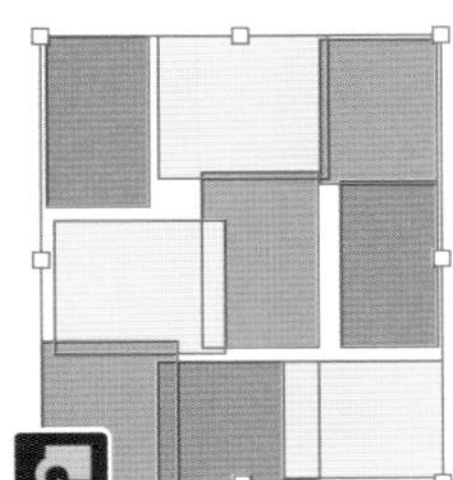

ブラシサイズを調整

Option（Alt）+ドラッグでブラシサイズを調整。ヒント

STEP 4

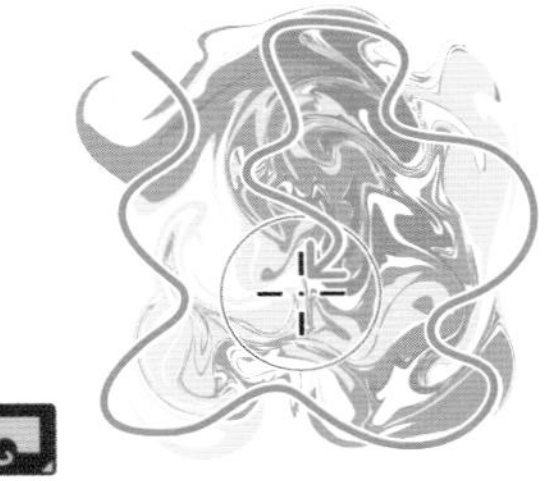

うねりツールでかき混ぜる

うねりツールで四角形の上を満遍なくドラッグ。ヒント

STEP 5

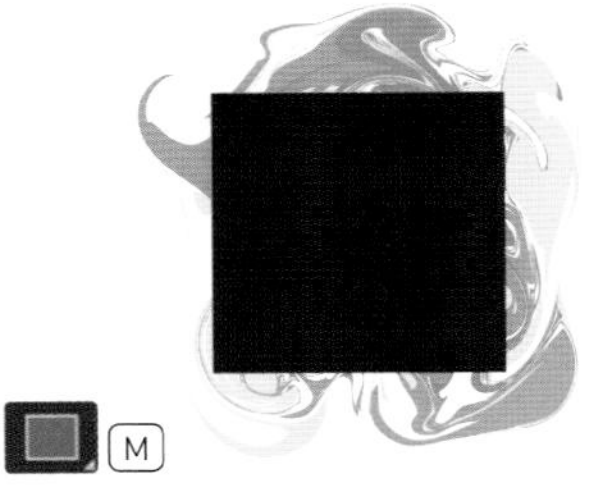

上に適当な図形を描く

混ぜたオブジェクトの上に、適当な形の四角や円を描く。

STEP 6

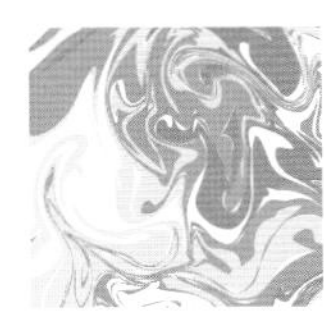

⌘(Ctrl) 7

クリッピングマスク

全選択し、**オブジェクト＞クリッピングマスク＞作成** して完成。

ヒント

うねりツールの設定

ドラッグしたパスをねじるように変形するツールで、カーソル周囲の円が変形の適用範囲です。Option（Alt）+ドラッグで範囲の大きさを調整できます。

また、ねじる効果が強すぎると感じた場合は、Return（Enter）キーでオプションを表示して「強さ」などの数値を調整してください。

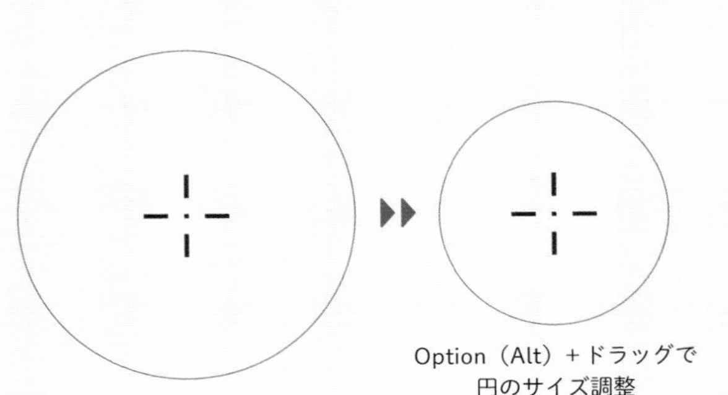

Option（Alt）+ドラッグで
円のサイズ調整

RECIPE

20

大きくなるハート模様

一定の距離を移動しつつ拡大し続ける、などの複合的な変形は「個別の変形」と「変形の繰り返し」で一括処理してしまいましょう。

動画でも解説！

STEP 1

STEP 2

STEP 3

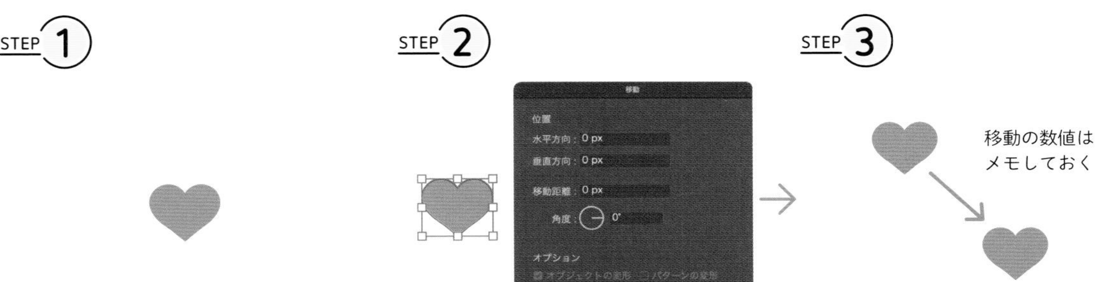

ハートを用意

p.14を参考にハートを用意。模様の中で一番小さいサイズを想定。

選択して「移動」を表示

選択ツールで選択しReturn（Enter）で「移動」を開く。

右下に移動コピー

水平方向と垂直方向に同じ数値を入力し「コピー」をクリック。ヒント

STEP 4

NEXT

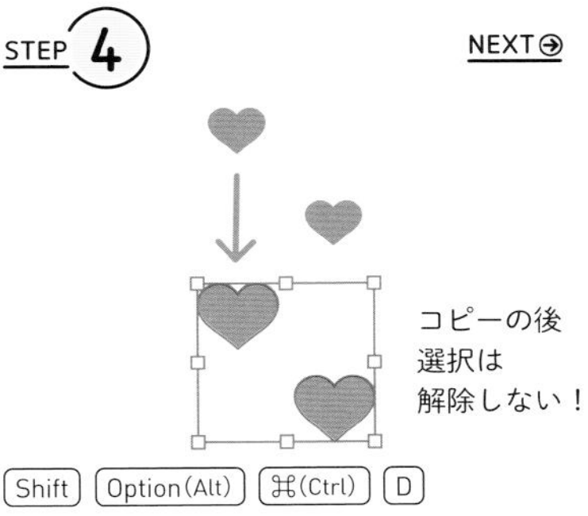

個別に拡大＆移動コピー

全選択し**オブジェクト＞変形＞個別に変形**。右図のように入力。

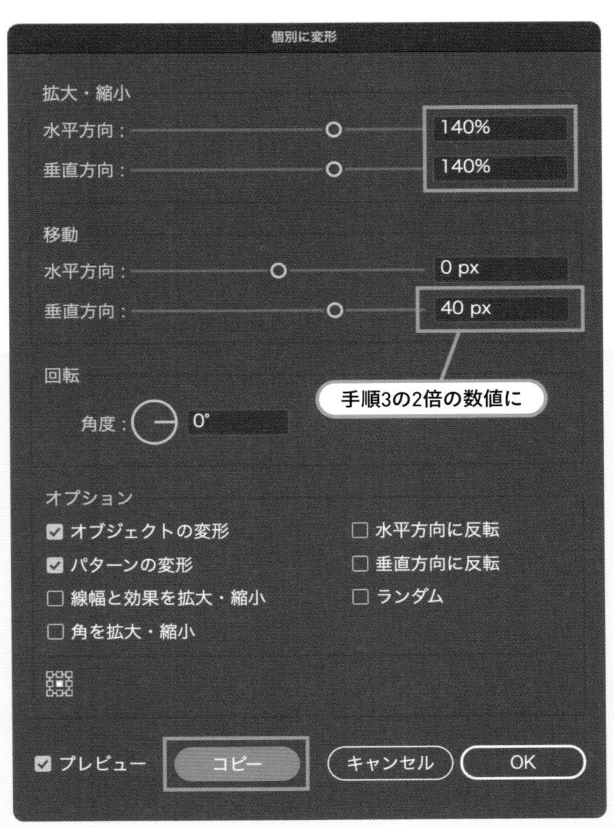

ヒント

オブジェクトを一括変形

「個別に変形」は拡大・縮小や移動などの変形を、複数のオブジェクトに同時に適用することができます。グループを変形した場合と異なり、個別にオブジェクトを変形した状態になります。

STEP 5

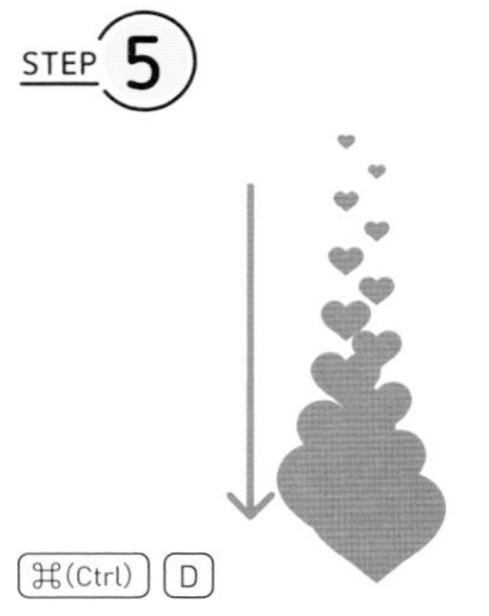

変形の繰り返しを数回適用

オブジェクト＞変形＞変形の繰り返し を数回適用。

STEP 6

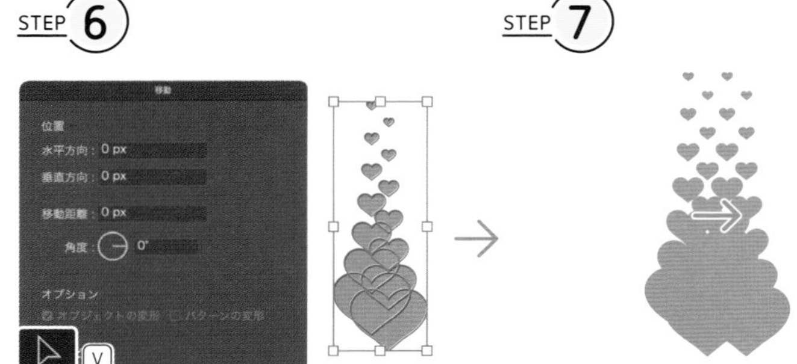

全選択して「移動」を表示

選択ツールで全選択し、Return（Enter）を押し、「移動」を開く。

STEP 7

右に移動コピー

水平方向に手順3の2倍の数値に、垂直方向は0にしてコピー。ヒント

STEP 8

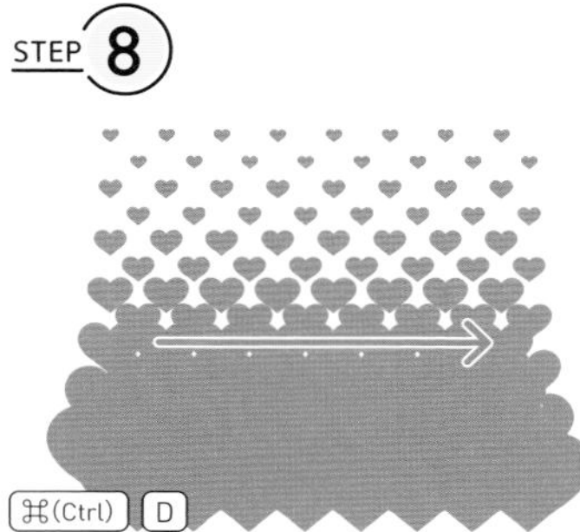

変形の繰り返しを数回適用

オブジェクト＞変形＞変形の繰り返し を数回適用して完成。

ヒント

数値指定で移動コピー

手順3で斜めに移動コピーした際の横方向の移動距離の、2倍の数値で移動コピーさせてください。なお、コピー後の選択状態は解除せずに手順8へ進んでください。

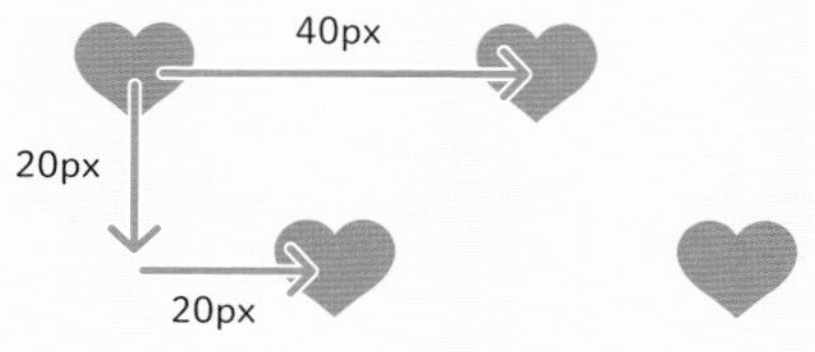

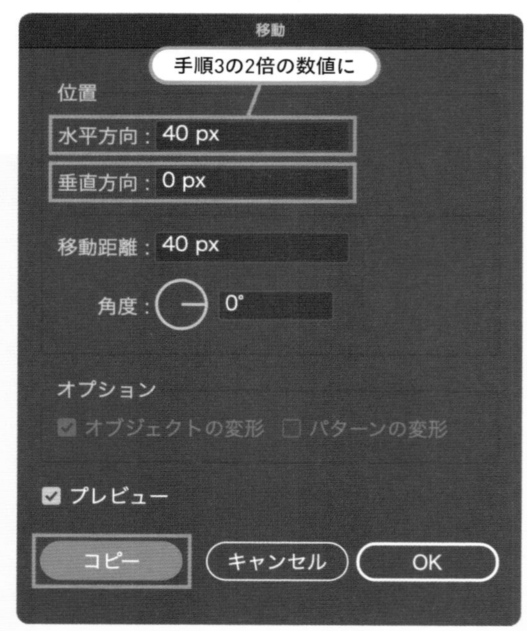

RECIPE

21

欠けない青海波

オブジェクトをパターンのように縦横に繰り返し配置したい時は、リピートの「グリッド」が便利です。

動画でも解説！

STEP 1

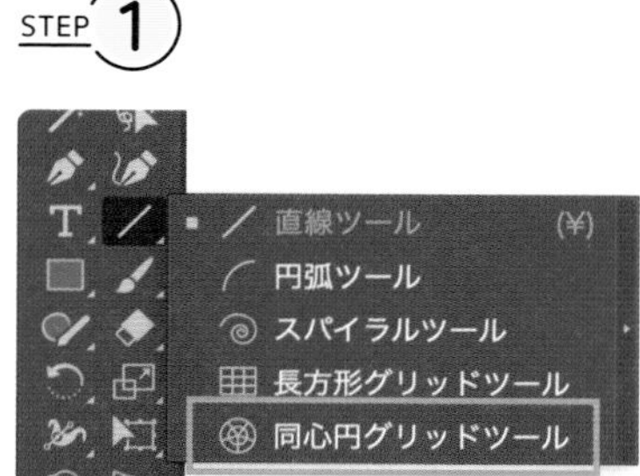

同心円グリッドツールに切替

直線ツールを長押しし、同心円グリッドツールに切り替え。

STEP 2

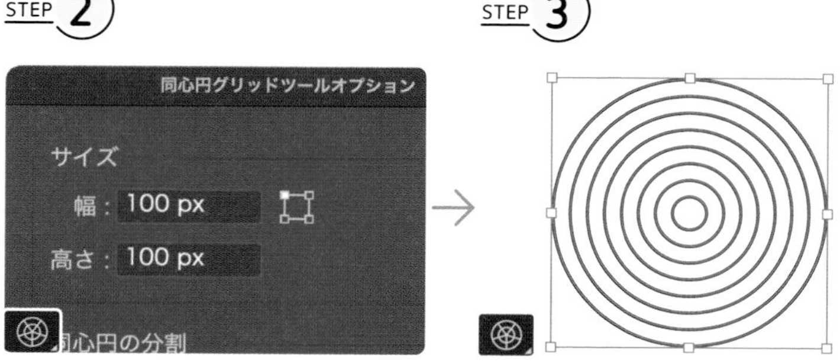

クリックし、サイズを指定

アートボードをクリックし、サイズを入力。数値はメモする。ヒント

STEP 3

分割の線数7の同心円を描く

同心円の分割の線数7、円弧の分割の線数0の同心円を描く。ヒント

NEXT

交互に塗り分け

塗りの色を交互になるように塗り分けする。

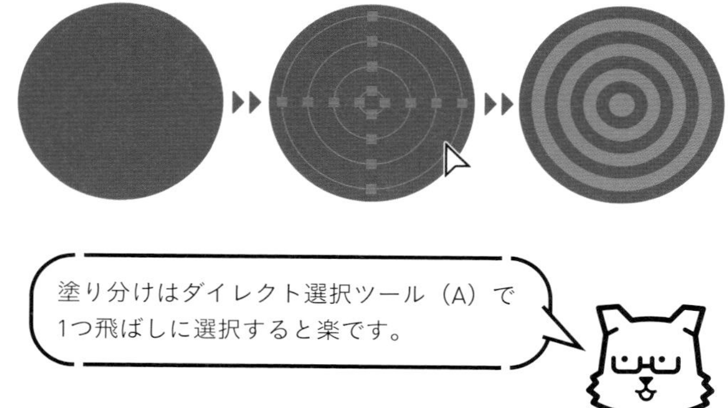

塗り分けはダイレクト選択ツール（A）で1つ飛ばしに選択すると楽です。

同心円グリッドツール

円が等間隔に大きくなっていく図形を描くツールです。「同心円の分割」が円の内側に描く円の数で、「円弧の分割」は円の中心から伸びる直線です。円弧の分割は今回は必要ないので0にします。

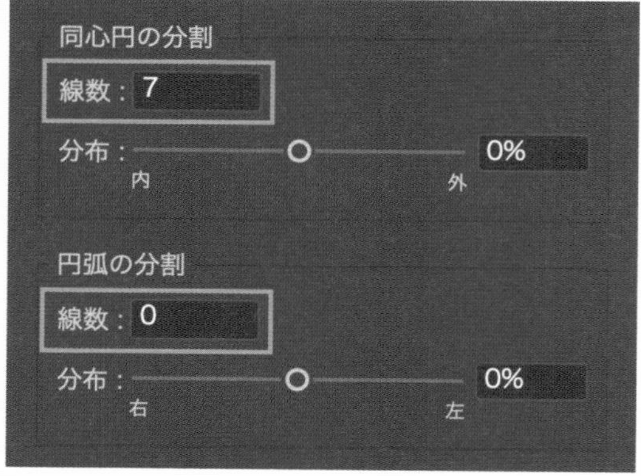

紙面版

電脳会議
DENNOUKAIGI

一切無料

今が旬の情報を満載してお送りします!

『電脳会議』は、年6回の不定期刊行情報誌です。A4判・16頁オールカラーで、弊社発行の新刊・近刊書籍・雑誌を紹介しています。この『電脳会議』の特徴は、単なる本の紹介だけでなく、著者と編集者が協力し、その本の重点や狙いをわかりやすく説明していることです。現在200号を超えて刊行を続けている、出版界で評判の情報誌です。

毎号、厳選ブックガイドもついてくる!!

『電脳会議』とは別に、テーマごとにセレクトした優良図書を紹介するブックカタログ(A4判・4頁オールカラー)が同封されます。

◆電子書籍・雑誌を読んでみよう!

技術評論社 GDP　検索

と検索するか、以下のQRコード・URLへ、パソコン・スマホから検索してください。

https://gihyo.jp/dp

1. アカウントを登録後、ログインします。
【外部サービス(Google、Facebook、Yahoo!JAPAN)でもログイン可能】

2. ラインナップは入門書から専門書、趣味書まで3,500点以上!

3. 購入したい書籍を カート に入れます。

4. お支払いは「PayPal」にて決済します。

5. さあ、電子書籍の読書スタートです!

◉ご利用上のご注意　当サイトで販売されている電子書籍のご利用にあたっては、以下の点にご留意く

インターネット接続環境　電子書籍のダウンロードについては、ブロードバンド環境を推奨いたします。

閲覧環境　PDF版については、Adobe ReaderなどのPDFリーダーソフト、EPUB版については、EPUBリ

電子書籍の複製　当サイトで販売されている電子書籍は、購入した個人のご利用を目的としてのみ、閲覧、
ご覧いただく人数分をご購入いただきます。

改ざん・複製・共有の禁止　電子書籍の著作権はコンテンツの著作権者にありますので、許可を得ない改さ

も電子版で読める！

電子版定期購読がお得に楽しめる!

くわしくは、「**Gihyo Digital Publishing**」のトップページをご覧ください。

電子書籍をプレゼントしよう!

Gihyo Digital Publishing でお買い求めいただける特定の商品と引き替えが可能な、ギフトコードをご購入いただけるようになりました。おすすめの電子書籍や電子雑誌を贈ってみませんか?

こんなシーンで…

- ご入学のお祝いに
- 新社会人への贈り物に
- イベントやコンテストのプレゼントに ………

◉ギフトコードとは? Gihyo Digital Publishing で販売している商品と引き替えできるクーポンコードです。コードと商品は一対一で結びつけられています。

くわしい**ご利用方法**は、「**Gihyo Digital Publishing**」をご覧ください。

ソフトのインストールが必要となります。
印刷を行うことができます。法人・学校での一括購入においても、利用者1人につき1アカウントが必要となり、

他人への譲渡、共有はすべて著作権法および規約違反です。

電脳会議

紙面版

新規送付のお申し込みは…

電脳会議事務局　検 索

検索するか、以下の QR コード・URL へ、
パソコン・スマホから検索してください。

https://gihyo.jp/site/inquiry/dennou

「電脳会議」紙面版の送付は送料含め費用は一切無料です。
登録時の個人情報の取扱については、株式会社技術評論社のプライバシーポリシーに準じます。

技術評論社のプライバシーポリシーはこちらを検索。

https://gihyo.jp/site/policy/

技術評論社　電脳会議事務局
〒162-0846　東京都新宿区市谷左内町21-13

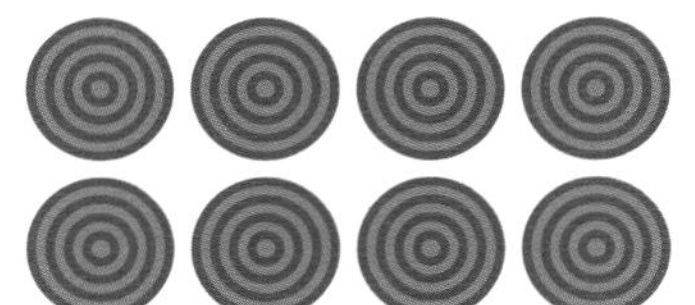

リピートグリッドを適用

選択し、**オブジェクト＞リピート＞グリッド** を適用。

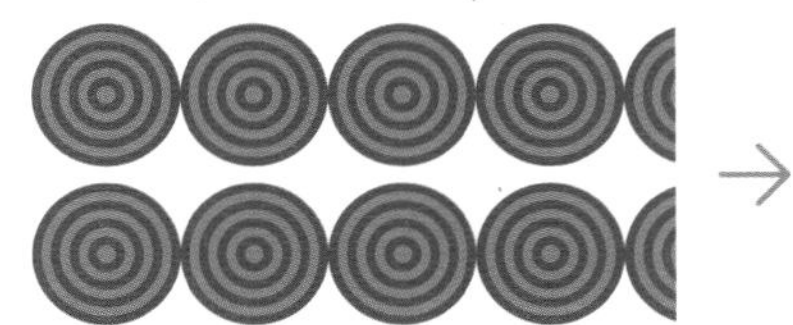

リピートの水平の間隔を0に

選択状態でプロパティパネルを開き、水平方向の間隔を0に。 ヒント

STEP 7

垂直の間隔を円の -4分の3に

垂直方向の間隔を、同心円の直径のマイナス4分の3に。 ヒント

STEP 8

水平方向オフセットグリッド

グリッドの種類を「水平方向オフセットグリッド」に変更。 ヒント

STEP 9

NEXT

サイズを整える

選択ツールで右と下の白いバーをドラッグしてサイズを整える。

ヒント

リピートグリッドの余白

リピートグリッドではオブジェクト同士の縦横それぞれの余白を調整できます。水平方向はピッタリとくっつけたいので０に。垂直方向は余白を空けるのではなく重ねたいので、マイナスの数値にします。

垂直方向の計算について、Illustrator上での四則演算（p.75参照）は複数の計算を同時にはできないので、まず4で割り算をして確定し、その数値を3倍にしましょう。

STEP 10

分割・拡張 を適用

選択し、**オブジェクト＞分割・拡張**を適用。（設定はそのままOK）

STEP 11

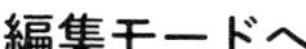

編集モードへ

オブジェクトをダブルクリックし、編集モードへ。 ヒント

STEP 12

マスクの中身を下に移動

中身のみ選択して下に移動。Escキーなどで編集モードを終了して完成。

リピートグリッドは分割・拡張すると、普通のオブジェクトをクリッピングマスクした状態になります。

ヒント

編集モード

オブジェクトをダブルクリックすると「編集モード」という画面に移動します。編集モードでは選択したオブジェクト以外は半透明になって選択できなくなり、グループやクリッピングマスクなどでまとめられたオブジェクトを個別に編集することができます。

元の画面に戻るにはEscキーを押すか、アートボードをダブルクリックしてください。

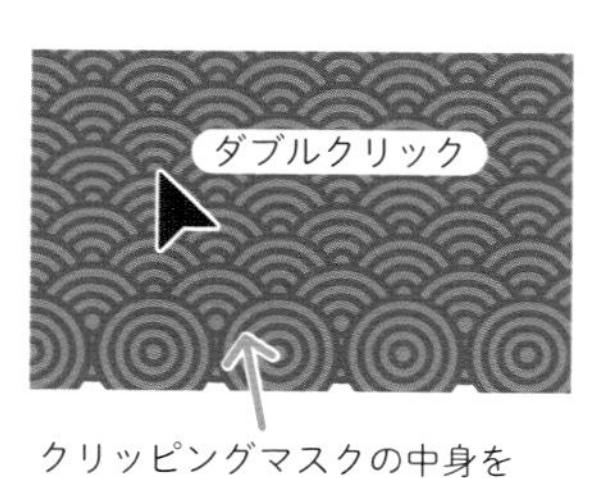

クリッピングマスクの中身を編集できるようになる

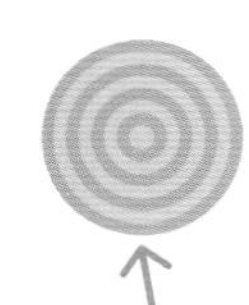

マスク外は色が薄くなり編集不可に

RECIPE
22

桔梗麻の葉

ライブコーナーや基準点を変更しての変形など、応用テクニックの数々を使います。目指せイラレ上級者！
動画でも解説！

STEP 1

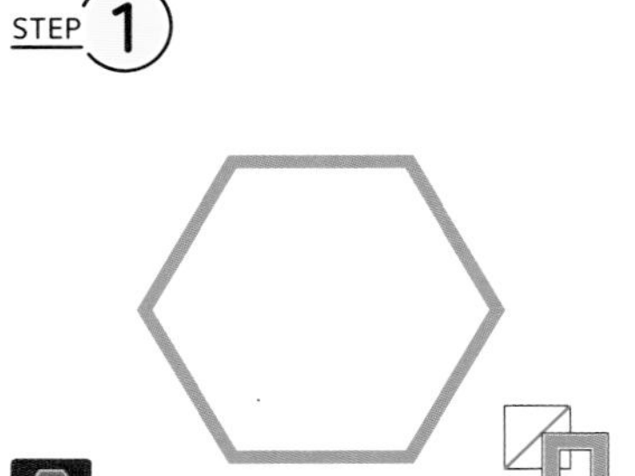

STEP 2

STEP 3

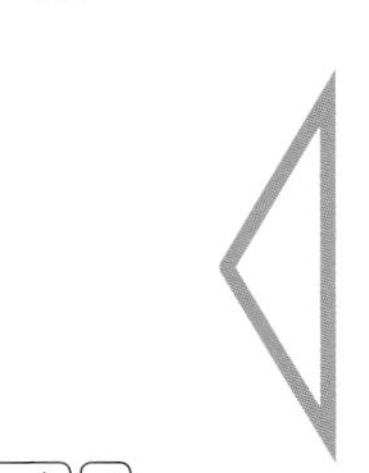

六角形を描く

多角形ツールで Shift + ドラッグして六角形を描く。

右半分を削除

ダイレクト選択ツールで右半分のアンカーポイントを削除。

連結

選択し、**オブジェクト＞パス＞連結**でパスを閉じる。

STEP 4

STEP 5

STEP 6

NEXT

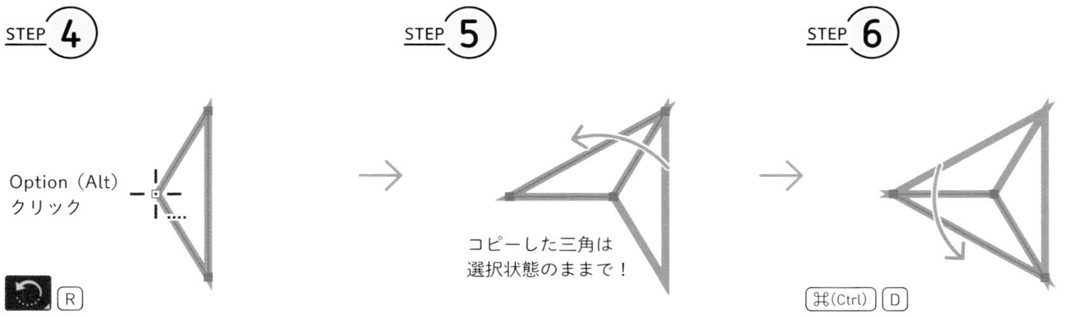

回転ツールで基準点を変更

選択し回転ツールで左のアンカーをOption（Alt）クリック。 ヒント

120度回転コピー

開いたダイアログの角度を120度にし、コピーをクリック。 ヒント

変形の繰り返し

コピーした三角を選択したまま **オブジェクト＞変形＞変形の繰り返し**。

基準点で数値指定して回転

回転ツールでOption（Alt）を押しながら任意の場所をクリックすると、基準点を変更すると同時に数値指定で回転させることができます。

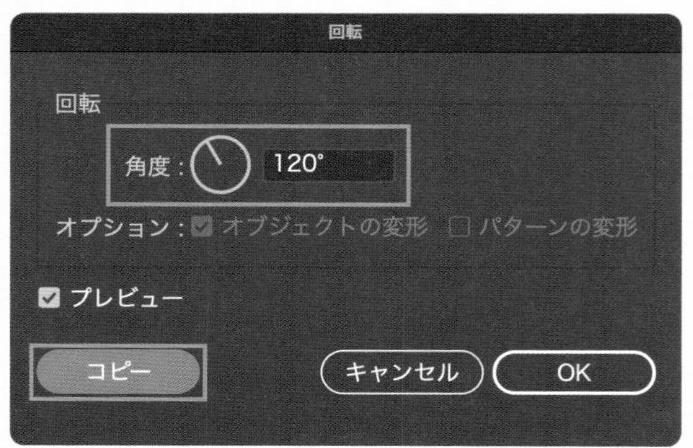

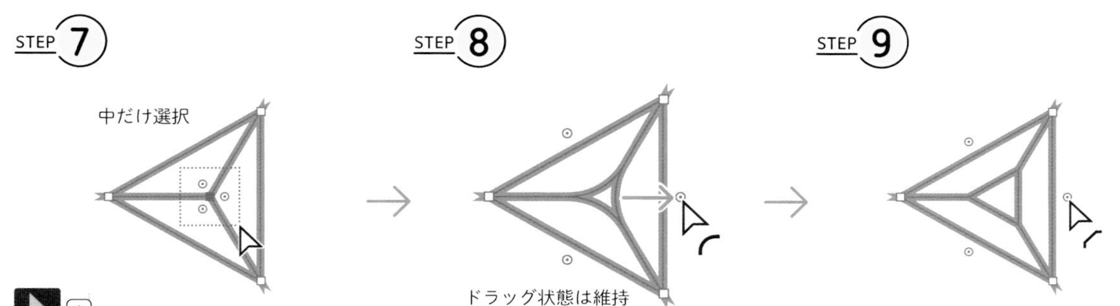

中心のアンカーを選択

ダイレクト選択ツールで中心のアンカーポイントをドラッグで選択。

少し角を丸くする

外側に向かって少しだけドラッグしてその状態を維持する。

角の形状を面取り（直線）に

キーボードの下キーで角の形状を面取りにしてドラッグ終了。ヒント

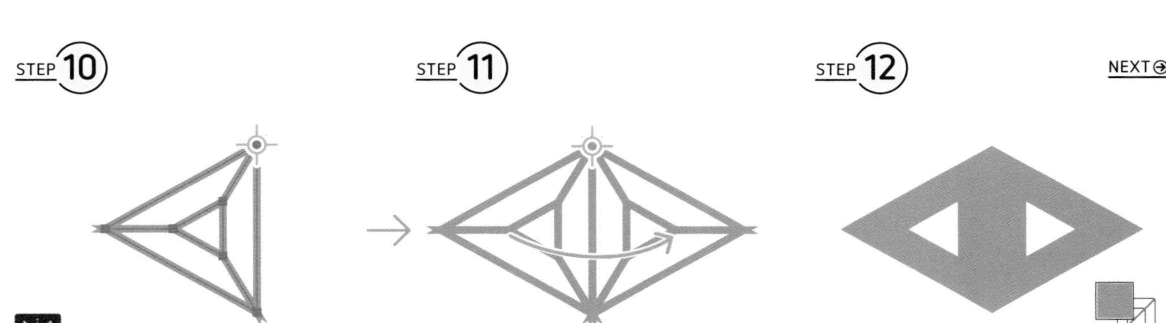

リフレクトの基準点変更

全選択しリフレクトツールに切り替え、右上の角をクリック。

右に反転コピー

Shift + Option（Alt）を押しながら右にドラッグして反転コピー。

塗りと線を入れ替え

全選択し、塗りと線の色を入れ替える。

「面取り」で角を切り落とす

ライブコーナーで丸めた角を、真っ直ぐに切り落としたような形状にできます。角が斜めになったフレームや、1つの角のみ折れた紙のようなものを作る際にも便利です。
（使い方はp.79参照）

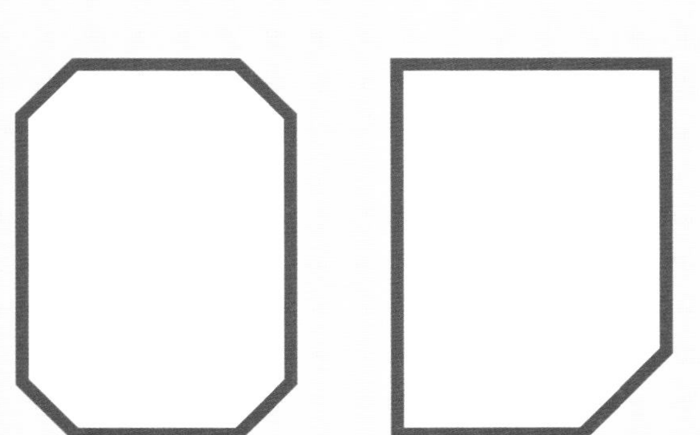

STEP 13

全選択してパターン化

全選択し、**オブジェクト＞パターン＞作成**。

STEP 14

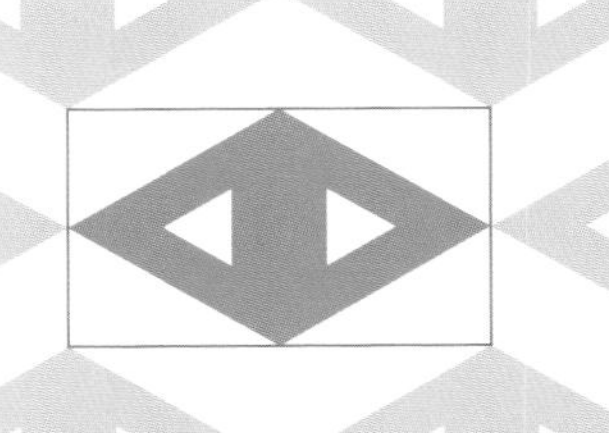

タイルの種類をレンガ（横）に

パターンオプションパネルからタイルの種類を レンガ（横）に。

STEP 15

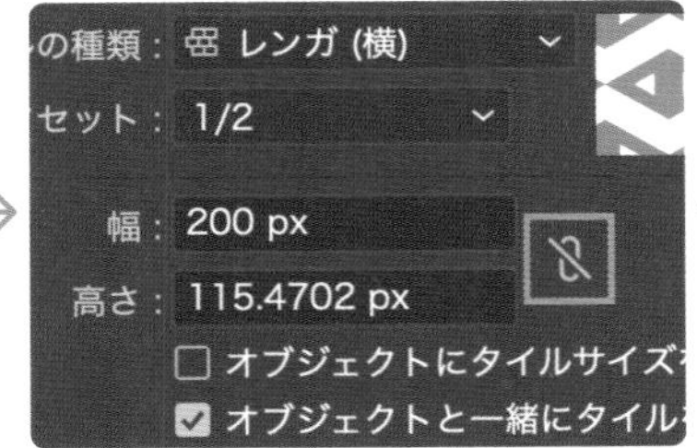

縦横比を維持をオフに

パターンオプションパネルの「縦横比を維持」をオフに。

STEP 16

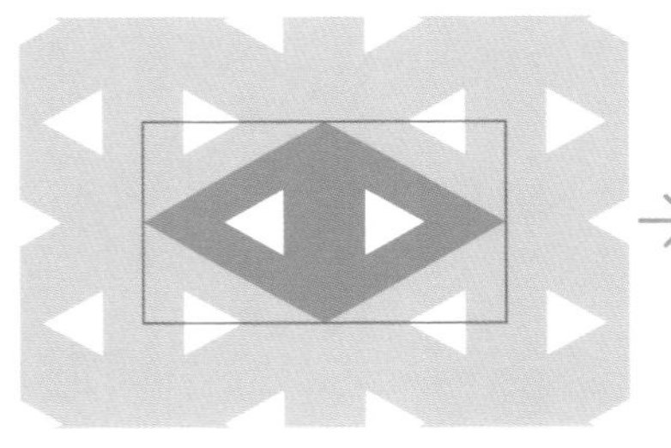

高さの数値を2分の1に

高さの数値の最後にカーソルを合わせ、半角で「/2」と追記。ヒント

STEP 17

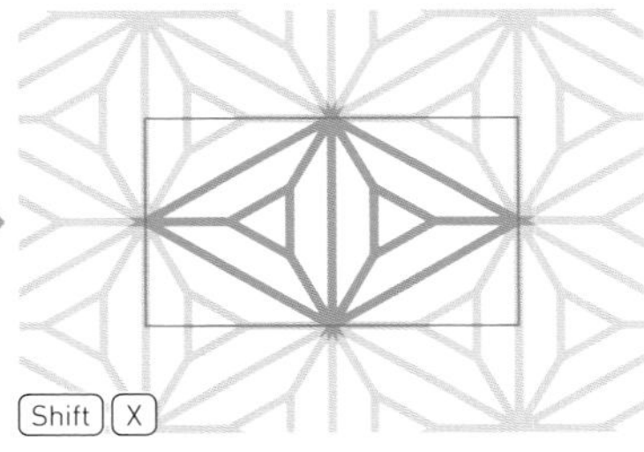

塗りと線を入れ替え

全選択し、塗りと線の色を入れ替える。

STEP 18

塗りに適用して完成

編集モードを終了し、塗りにパターンスウォッチを適用して完成。

ヒント

高さの数値を2分の1に

p.75で解説した四則演算を使って数値を計算しています。縦横比を固定をオフにするのをお忘れなく。

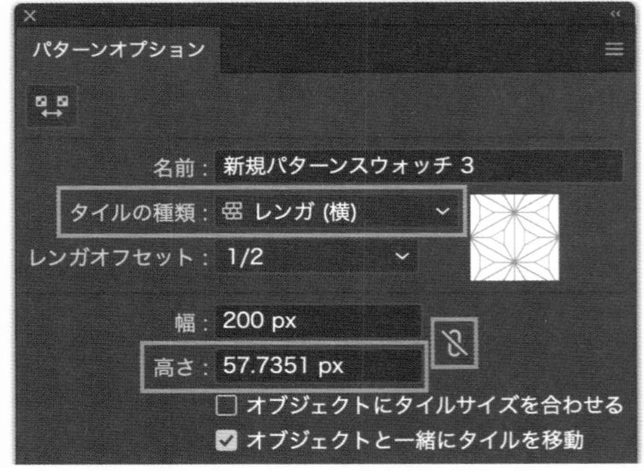

パターン変形のオンオフ

パターンを適用したオブジェクトを変形させると、パターンも同様に変形する場合としない場合があります。どこで切り替えるのかを解説します。

ツールを使ってパターンを変形

パターン変形に関する設定は、以下のツールにあります。
※（　）はショートカットキー

移動	選択ツール（V）
回転	回転ツール（R）
反転	リフレクトツール（O）
拡大・縮小	拡大・縮小ツール（S）
傾斜	シアーツール

オブジェクトを選択してツールに切り替え、Return（Enter）でダイアログボックスを表示してください。オプションの「パターンの変形」がオンになっているとパターンも変形し、オフの場合はオブジェクトのみ変形しパターンは維持されます。逆に隣にある「オブジェクトの変形」をオフにすると、パターンのみを変形させることも可能です。

この設定は一度変更すると以後の変形にも適用され、別のツールに切り替えても同様に処理されます。

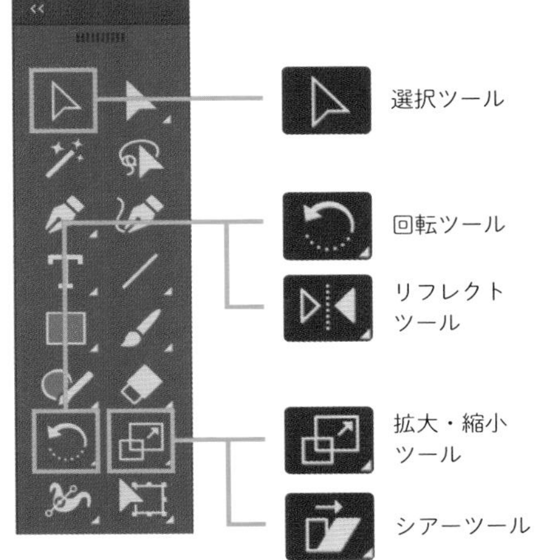

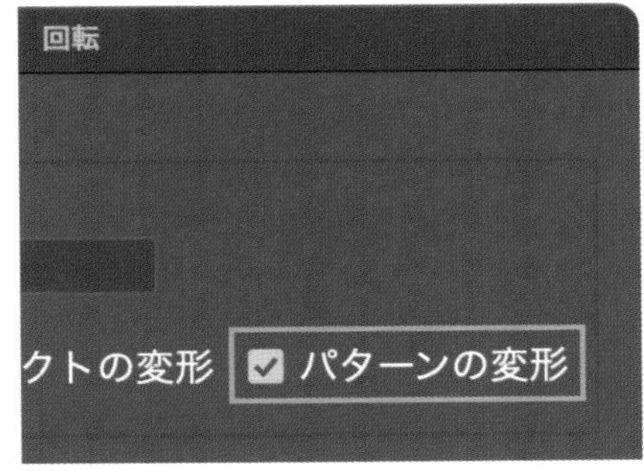

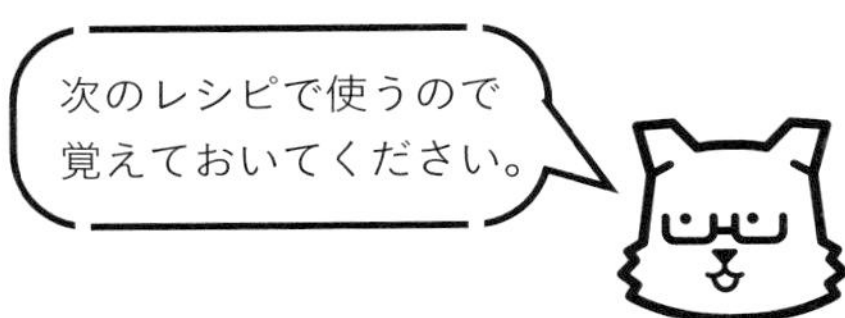

RECIPE

23

タータンチェック

ボーダーの部分をパターンで作り、それをさらにパターンの材料にしています。「パターンの変形」の設定を使いこなしましょう。

動画でも解説！

正方形と対角線を描く

正方形を描き、左上から右下へ向かう対角線を描く。

STEP 2

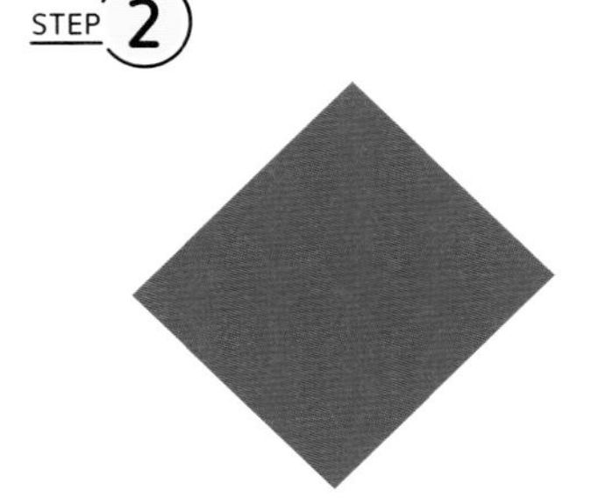

線幅を太くして正方形を隠す

対角線の線幅を太くし、背面の正方形が見えない状態に。

STEP 3

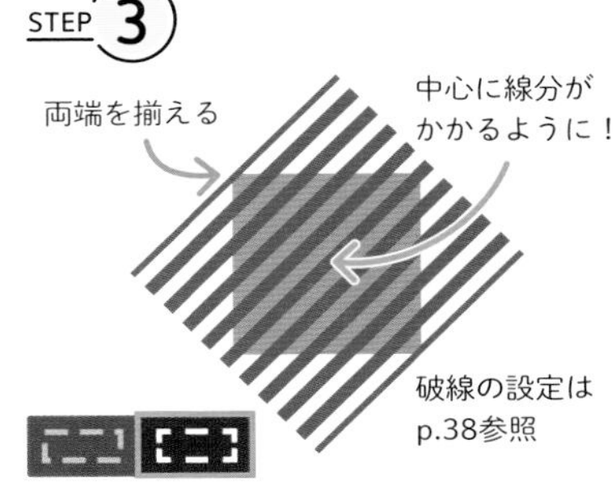

線パネルから破線を適用

線分を整え先端に整列。正方形の中心に線分がかかるように。

STEP 4

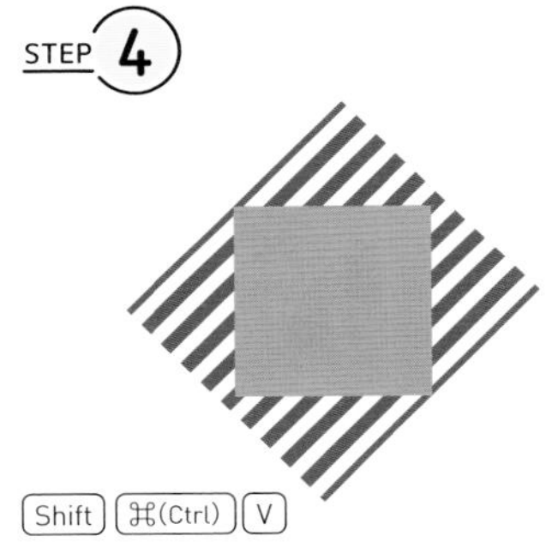

正方形を同じ位置にペースト

正方形をコピーし、**編集＞同じ位置にペースト**。

STEP 5

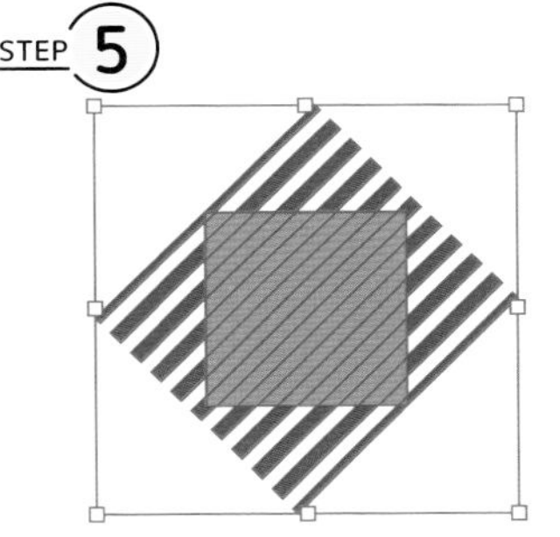

パスのアウトライン

全選択し、**オブジェクト＞パス＞パスのアウトライン**。

NEXT

下段左から4番目

パスファインダー＞切り抜き

全選択し、パスファインダーパネルから 切り抜き を適用。ヒント

ヒント

パスファインダー＞切り抜き

最前面にあるパスと重なっている部分のみ切り抜いて、外側を削除するパスファインダー。見た目はクリッピングマスクをしたような状態になります。

線は全て削除されるので、手順5のパスのアウトラインで線を塗りに変換する必要があります。

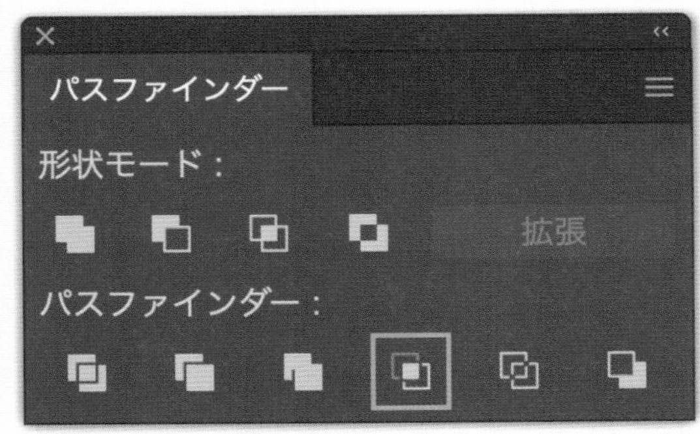

STEP 7

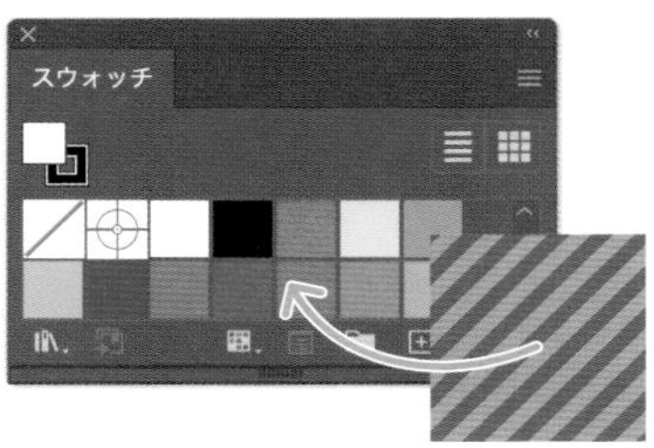

パターン化

スウォッチパネルにドラッグしてパターンスウォッチに。

正方形と直線を描く

正方形を描き、中心に直線を描く。線に作成したパターンを適用。

STEP 9

直線を選択し「回転」を開く

直線を選択し回転ツールに切り替えReturn（Enter）を押す。

STEP 10

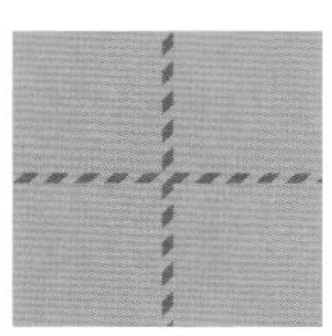

オブジェクトのみ回転

「パターンの変形」のチェックを外し、90度回転コピー。ヒント

STEP 11

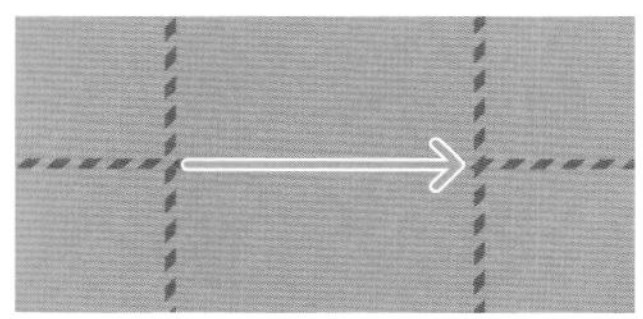

全選択し、横に移動コピー

Shift + Option（Alt）を押しながら右にドラッグして移動コピー。

STEP 12

NEXT→

線幅と効果を拡大・縮小 外す

選択ツールで何も選択せず、プロパティパネルからチェックを外す。

パターンの変形

オフにするとオブジェクトを変形してもパターンは変形しなくなります。この設定はこの後の移動や拡大・縮小でも引き続き適用されます。詳しくはp.97参照。

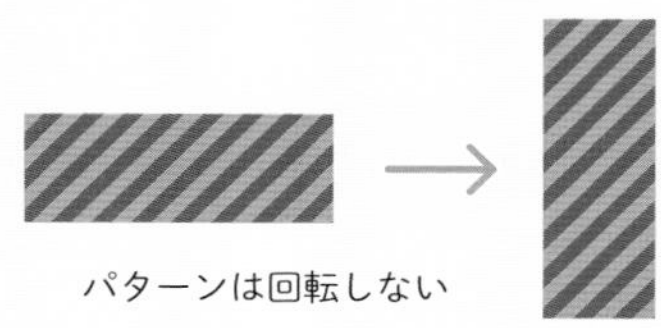

パターンは回転しない

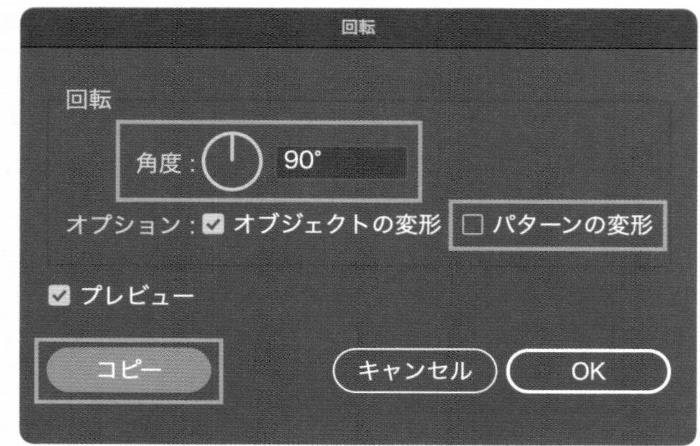

STEP 13

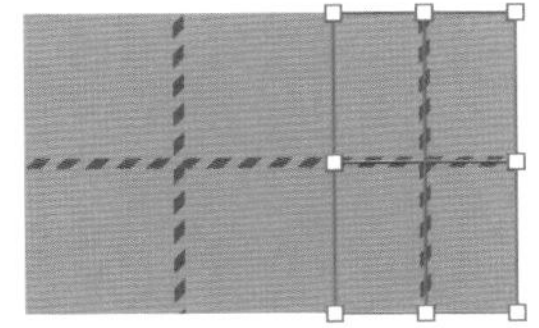

V

右のオブジェクトを縮小

コピーした方の四角形と線を、水平方向に縮小。

STEP 14

右の塗りと線の色を変更

コピーした四角形の塗りをパターンに、線を薄い色と濃い色に。

STEP 15

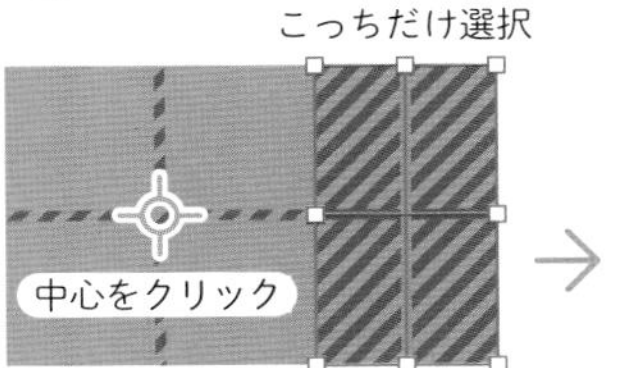

R

回転ツールの基準点を変更

コピーした方を選択し、回転ツールで正方形の中心をクリック。 ヒント

STEP 16

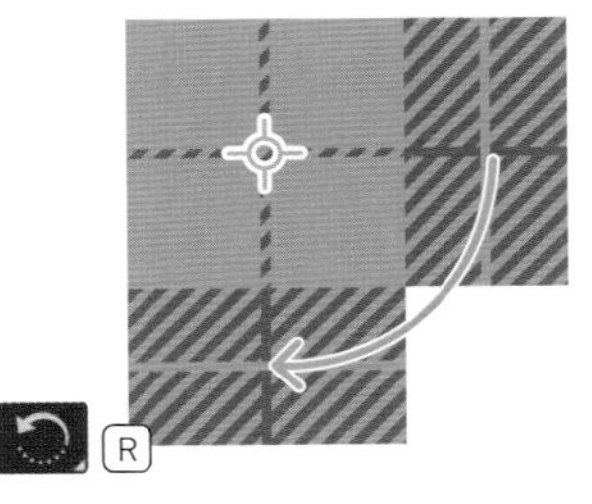

R

90度回転コピー

Shift + Option（Alt）を押しながらドラッグし、90度回転コピー。

STEP 17

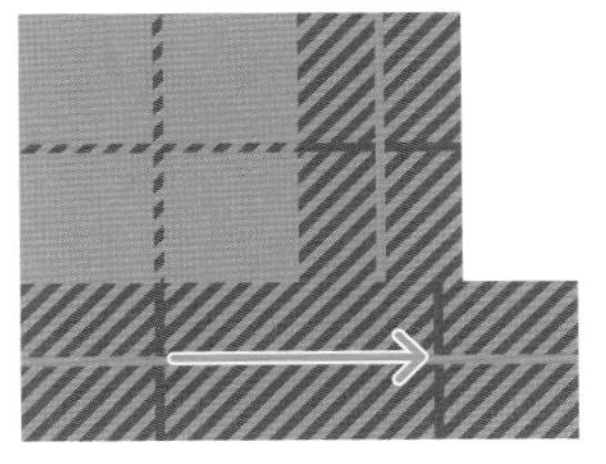

横に移動コピー

コピーしたものをShift + Option（Alt）ドラッグで横に移動コピー。

STEP 18

NEXT

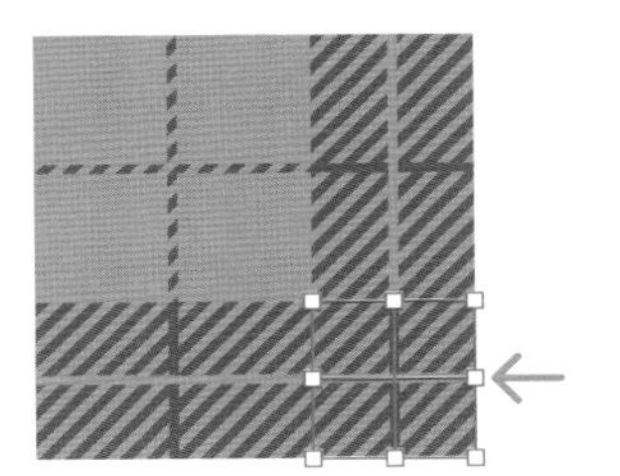

幅に合わせて縮小

コピーしたものを水平方向左に縮小し、上と幅を合わせる。

正方形の中心を基準点に

正方形の中心（正確には正方形に重なっている直線2本の交点）にカーソルを合わせると、スマートガイドの「交差」という表示が出るはずです。ここを狙ってクリックしましょう。

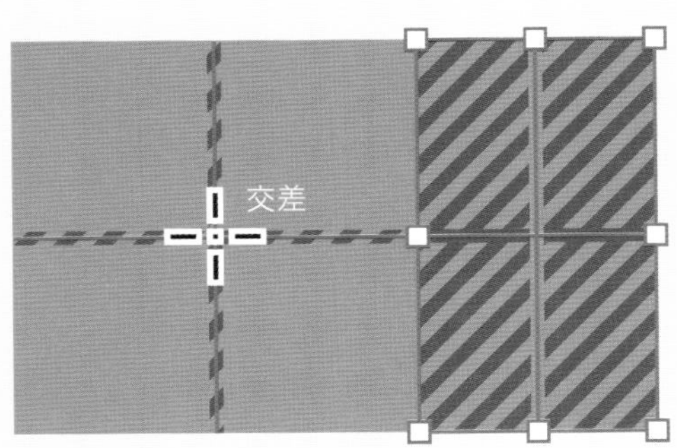

STEP 19

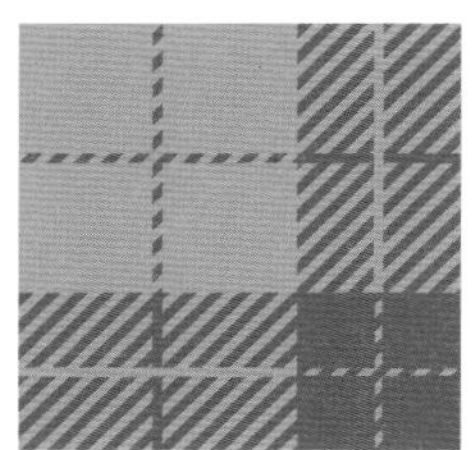

塗りを濃い色、線をパターン

右下の四角形の塗りを濃い色に、線をパターンに変更。

STEP 20

パスのアウトライン を適用

全選択し**オブジェクト＞パス＞パスのアウトライン** を適用。

STEP 21

アウトライン表示はこんな感じに

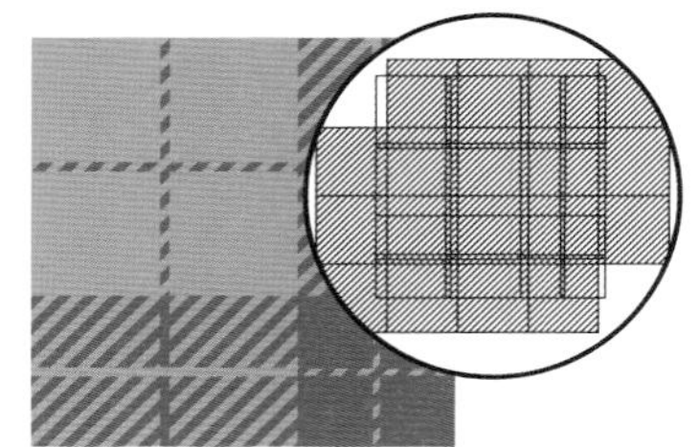

分割・拡張 を適用

オブジェクト＞分割・拡張 を適用。（設定はそのままでOK）

STEP 22

下段左から3段目

パスファインダー＞合流

全選択し、パスファインダーパネルから 合流 を適用。 ヒント

STEP 23

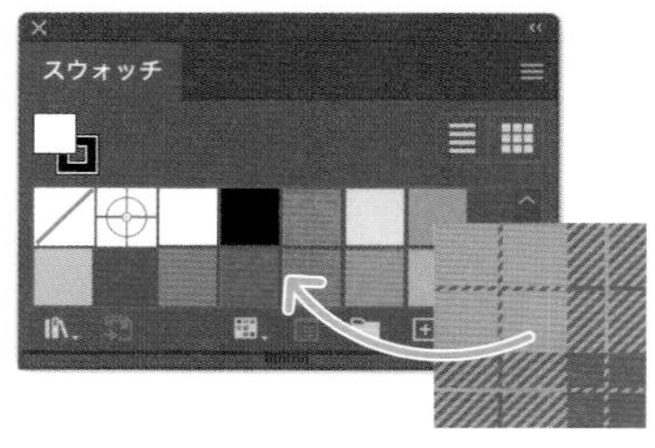

パターン化

選択し、スウォッチパネルにドラッグ＆ドロップしてパターン化。

STEP 24

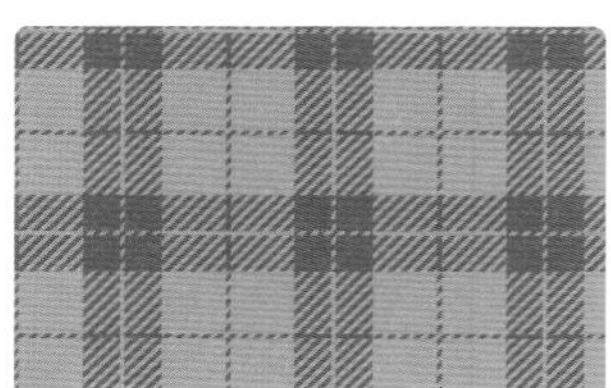

塗りに適用して完成

オブジェクトの塗りにパターンを適用して完成。

ヒント

パターンをパス化する

パターンを適用したオブジェクトをパターンスウォッチに登録は基本的にできません。なので手順20〜22にかけてパターンをパス化しています。

「パスのアウトライン」で線を塗りに変換し、「分割・拡張」でパターンをパス化。そのままではマスクされた不要なパスが大量に残ってしまうので、「合流」で見えない部分のパスを削除しています。

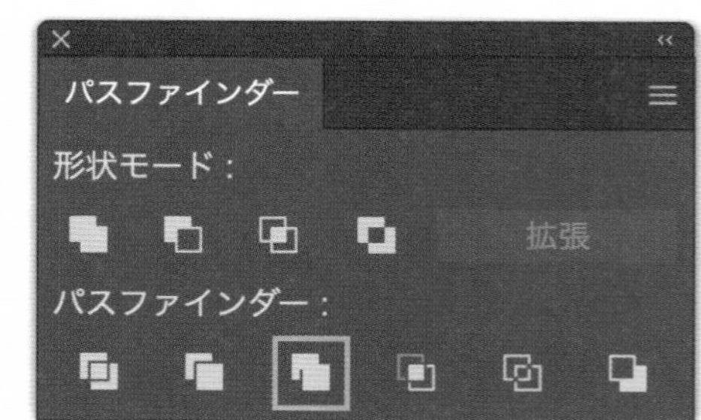

パターンの秘密のテクニック

パターンの操作に慣れてきた人向けに、パターン編集をもっと効率的にできるテクニック2つをご紹介。

パターンだけを編集するショートカット

回転ツールなどでパターンのみを編集するには「オブジェクトの編集」と「パターンの変形」を操作する(p.97参照）必要がありますが、実はキーボードの「~(チルダ)」を押しながら各種ツールでドラッグでもパターンのみを変形できます。ドラッグで間隔的に調整したい場合に有効です。

オブジェクトの中心に模様を合わせたい

オブジェクトを選択し、プロパティパネルもしくは変形パネルで基準点を中心にし、XとYを0にしてください。オブジェクトが一番最初に作ったアートボードの左上の角に移動するはずです。(しない時は新規ドキュメントで試してください)

パターンはカンバスの原点（X=0,Y=0）を基準にタイルを配置します。タイルのどこを原点に合わせるかは「タイルの種類」によって異なり、「レンガ（横）」の場合はちょうど中心が原点に合いますが、「グリッド」の場合はタイルの左上の角が合います。「グリッド」の場合はパターン適用後に、タイルサイズの50%の数値だけ左上にパターンを移動させると、ピッタリ中心に配置されます。(パターンのみ移動はp.97参照)

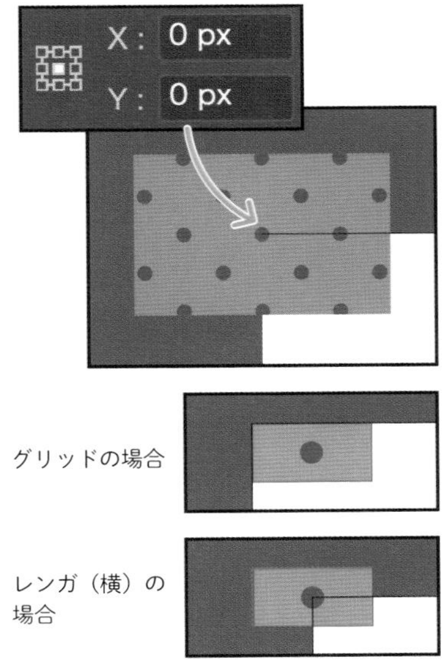

Chapter 3

フレーム

RECIPE
24

ベン図

手作業で正確に正円をこう並べようとすると意外と難しいものです。リピートなら直感的に作れますよ。

動画でも解説！

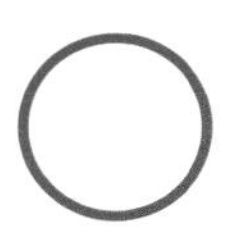

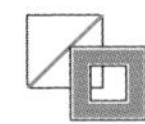

正円を描く

楕円形ツールで正円を描く。線の位は中央に揃える。

リピート＞ラジアル を適用

選択し **オブジェクト＞リピート＞ラジアル** を適用。

リピートの設定方法はp.21参照

リピートの数と半径を調整

プロパティパネルでリピートのインスタンス数を3に、半径を縮小。

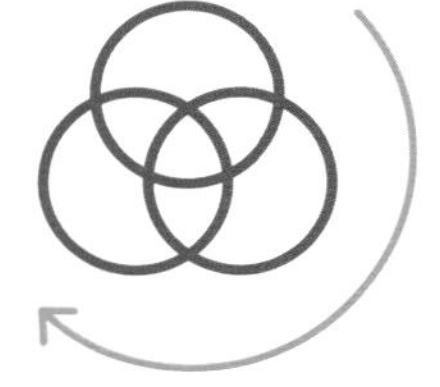

180度回転

選択ツールで Shift を押しながら180度回転。

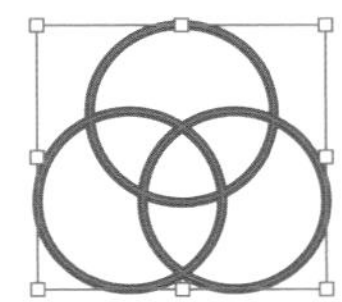

分割・拡張

選択し、**オブジェクト＞分割・拡張** でリピートを分割。

パスファインダー＞分割

パスファインダーで分割し、個別に色分けをして完成。 ヒント

パスファインダー＞分割

パスが重なってできた面を分割するパスファインダーです。ダイレクト選択ツールで個別に選択するか、グループを解除するなどで個別に色分けしましょう。

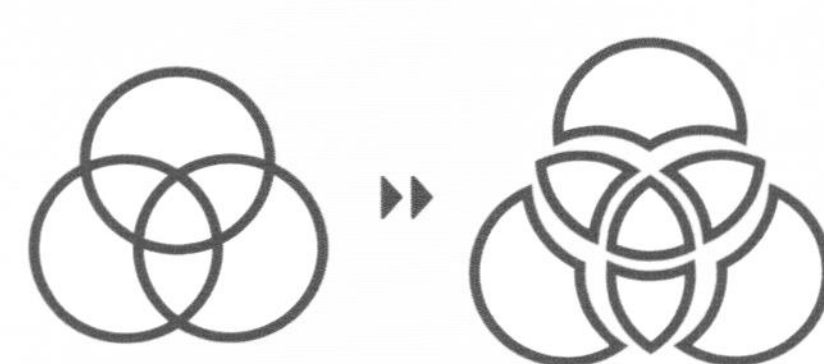

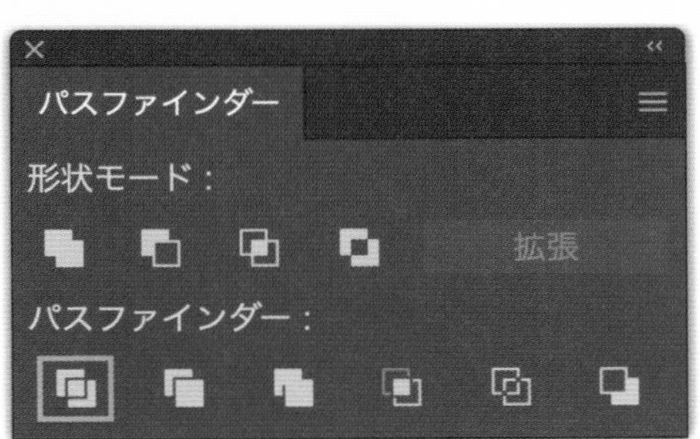

三原色の図を作ろう

ベン図のレシピをベースに、RGBやCMYKの図を作ってみましょう。描画モードを活用すれば簡単に作れます。

（1）手順3を塗りのみに

前ページのベン図のレシピを手順3まで進め、線をなしに、塗りのみの状態に。

（2）分割拡張して塗り分け

オブジェクト＞分割・拡張 を適用し、グループを解除して個別に塗り分けします。

※RGBは実際の色合いとは異なります

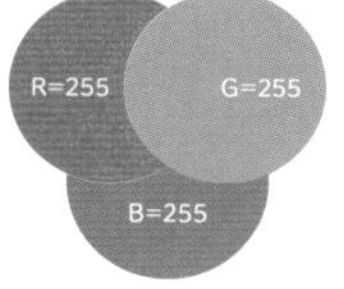

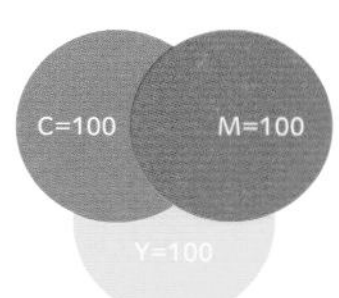

（3）描画モード変更

全選択し、不透明度の描画モードを変更します。RGBは「比較（明）」に、CMYKは「比較（暗）」にしてください。ただし、RGBは背面に白など明るいオブジェクトを配置しているとうまく表示されなくなります。その際は円3つをグループ化し、グループの不透明度から「描画モードを分離」にチェックしてください。

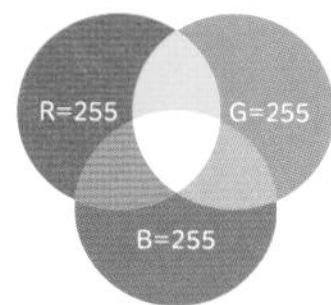

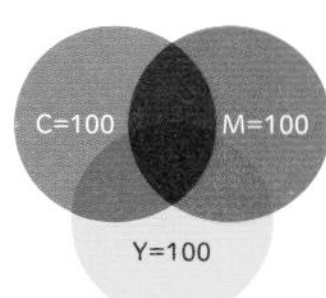

※RGBで背景に明るいオブジェクトがある場合

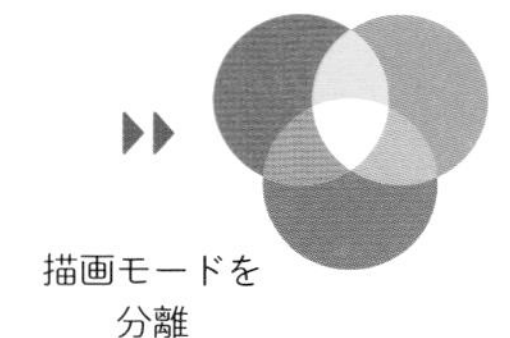

描画モードを分離

重なった部分を見た目通りに分割したい場合は **オブジェクト＞透明部分を分割・統合** を適用してください。

RECIPE
25
警告看板

「この塗りだけ高さが常に○○px小さい四角形にする」といったプログラム的な描画ができるのがアピアランスの強みの1つです。

動画でも解説！

STEP 1

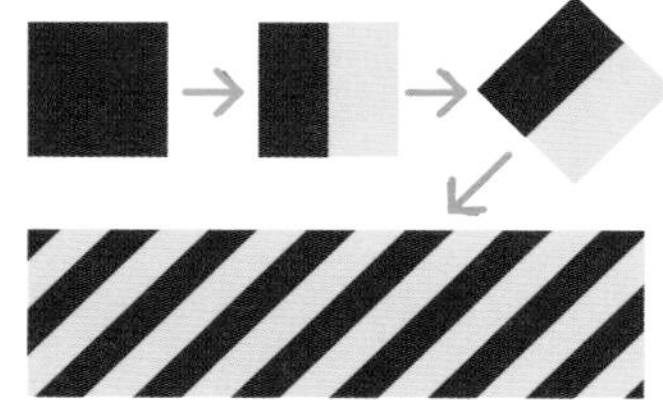

2色の斜めストライプを作る

p.72を参考に、黒と黄色の斜めストライプパターンを作成。

STEP 2

M パターンの調整方法はp.97参照

長方形を描きパターンを適用

長方形ツールで長方形を描き、作成したパターンを適用。

STEP 3

A

角を丸くする

ダイレクト選択ツールで角の丸印を内側にドラッグし、角を丸くする。

STEP 4

黄色い塗りを追加

アピアランスパネルから新規塗りを追加。上の塗りを黄色に。

STEP 5

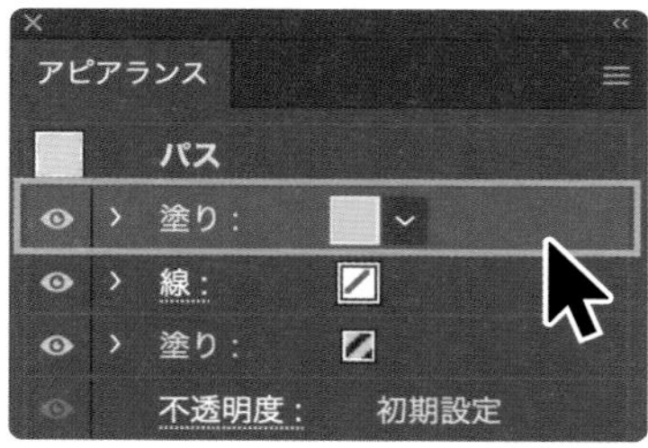

黄色い塗りを選択

アピアランスパネルから黄色い塗りを選択状態に。

STEP 6

NEXT

効果＞形状に変換＞長方形

「幅を追加」を0に、「高さを追加」をマイナスの数値に。ヒント

ヒント

効果 形状に変換

適用したオブジェクトを長方形や楕円形などの図形に変換する効果です。「値を追加」の場合は元になるパスの縦横に指定した数値を増減した大きさになるので、「横幅は元と同じだけど高さは元の図形より上下50pxずつ小さい」という大きさの指定ができます。

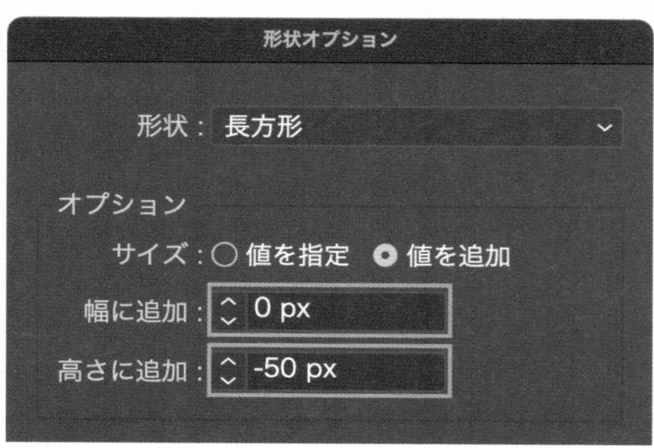

線の色を黄色に

線の色を黄色に変更し、線幅を整える。

STEP 8

線の位置を外側に

線パネルから線の位置を線の外側に揃える。

STEP 9

上に黒い新規線を追加

新規線を追加し、色を黒に。アピアランスパネルの一番上に移動。

STEP 10

黒い線の位置を内側に

黒い線を選択し、線パネルから線の位置を線の内側に変更して完成。

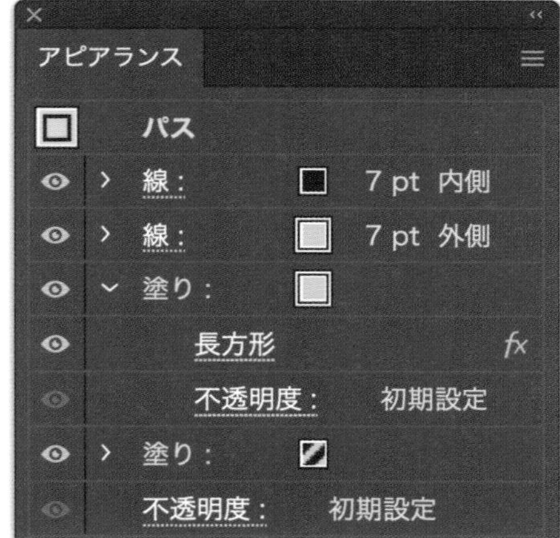

ヒント

線や角丸の拡大・縮小の設定

選択ツールに切り替えて何も選択しない状態では、プロパティパネルに「角を拡大・縮小」「線幅と効果を拡大・縮小」の設定が表示されます。

今回のオブジェクトを拡大・縮小で形状を変形する際には、これらの設定を使い分けていくと便利です。

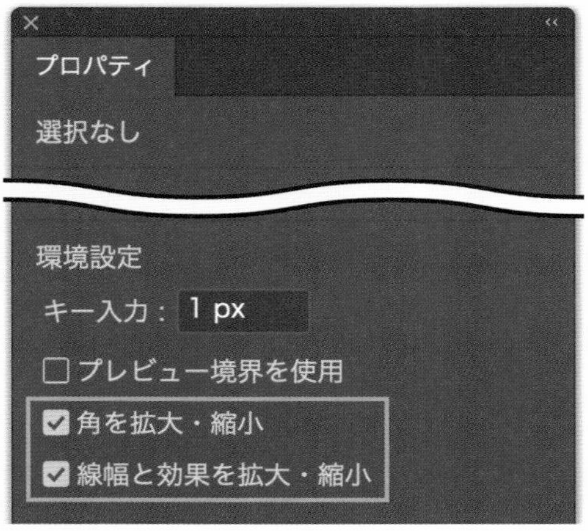

RECIPE

26

二重角丸フレーム

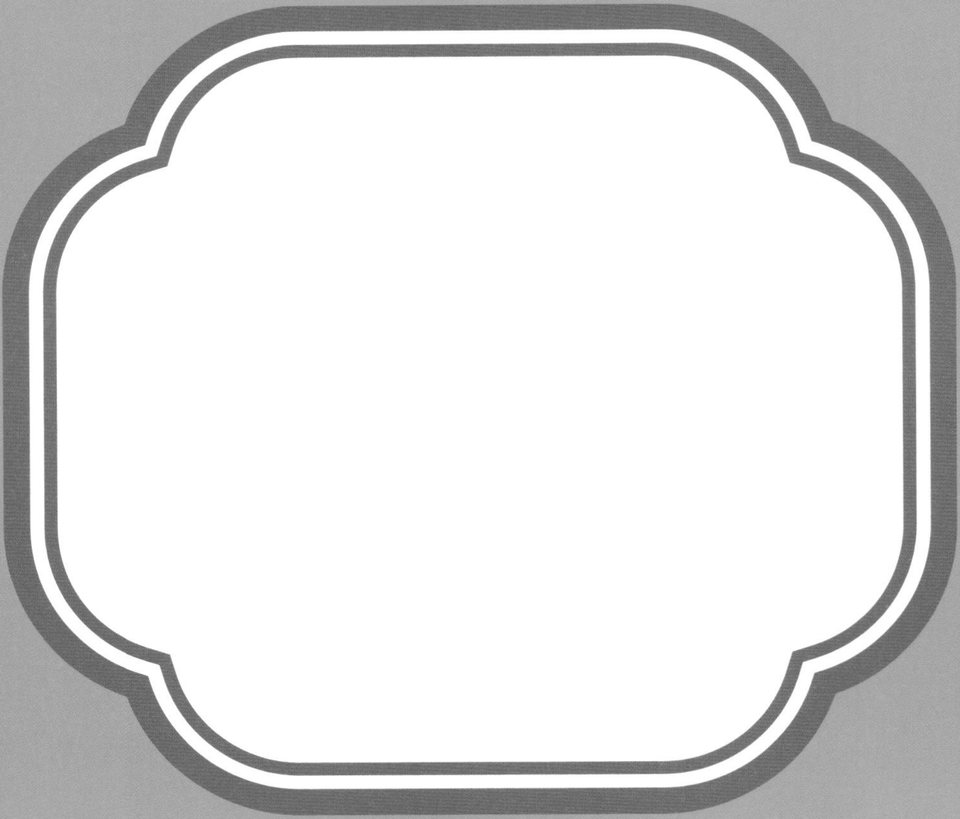

ライブコーナーと線の設定を組み合わせると、伸ばしても崩れない二重角丸になります。グループのアピアランスも組み合わせて使いましょう。

動画でも解説！

STEP 1

四角形を描く

長方形ツールで四角形を描き、塗りと線の色を設定する。

STEP 2

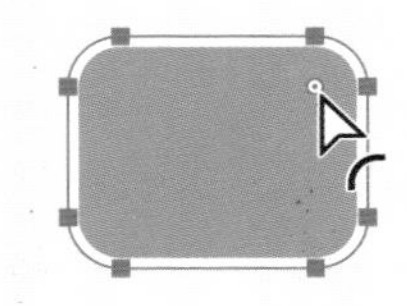

角を丸くする

ダイレクト選択ツールで丸印をドラッグし、その状態を維持。

STEP 3

角の形状を角丸（内側）に

ドラッグ中にキーボードの上キーで角の形状を変更してドラッグ終了。

STEP 4

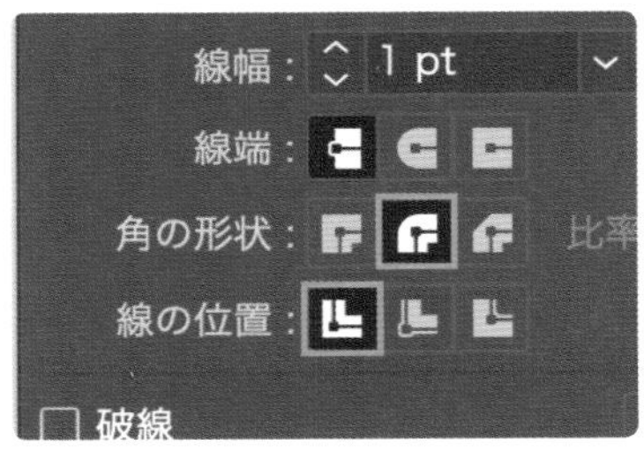

ラウンド結合と中央揃えに

線パネルから角の形状をラウンド結合に、線の位置は中央に揃える。

STEP 5

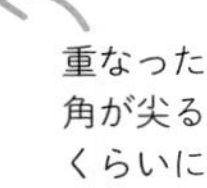

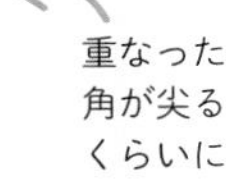

重なった
角が尖る
くらいに

線幅を太くする

線幅を大幅に増やし、二重角丸になるようにする。

STEP 6

NEXT

効果 パスのアウトライン

効果＞パス＞パスのアウトライン を適用。 ヒント

効果 パスのアウトライン

オブジェクト＞パス＞パスのアウトライン とは別なので注意してください。効果 パスのアウトライン は線を「アピアランスの中でだけアウトライン化したことにしてくれる」機能で、このあとの効果のパスファインダーを適用した際には線ではなく塗りとして処理が実行されます。実際には線のパスとしての形状は変化していないので、効果を削除すると元の線の状態に戻ります。

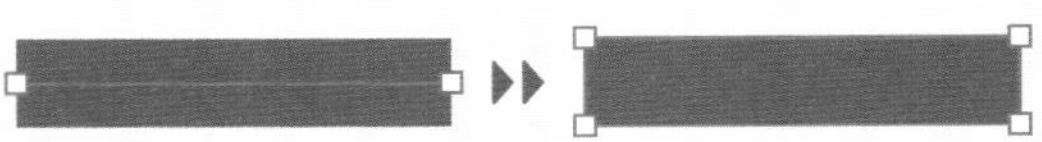

オブジェクトメニューのパスのアウトラインだとパスが変化する

効果メニューのパスのアウトラインは実際には変化しない

STEP 7

効果>パスファインダー>追加

見た目は変化しませんが、そのまま進めてください。

STEP 8

「追加」を一番下に移動

アピアランスで「追加」を「パスのアウトライン」の下へ移動。ヒント

STEP 9

グループにした理由はp.116参照

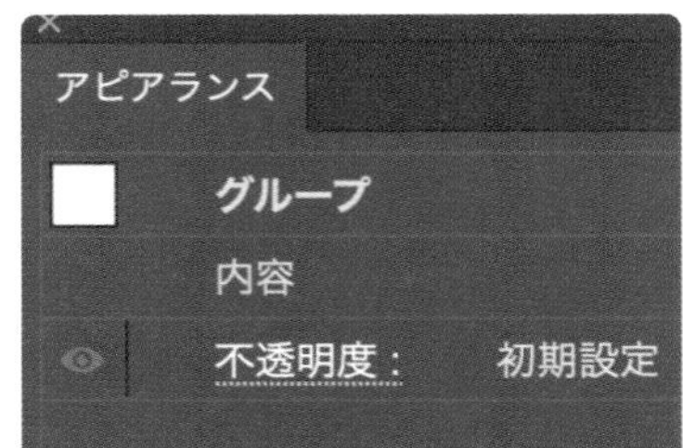

グループ化

選択し、**オブジェクト>グループ** を適用。

新規線を追加して整える

アピアランスパネルで新規線を追加し、線幅や色を整える。

STEP 11

NEXT

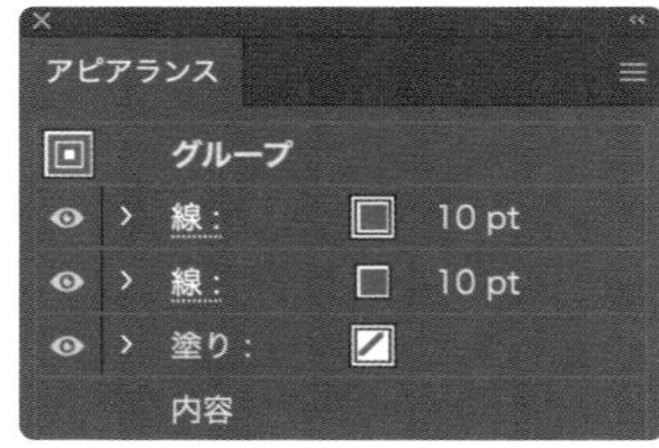

もう1つ新規線を追加

もう一度新規線を追加し、線幅や色が共通の線を2つにする。

ヒント

効果の処理の順序

効果はアピアランスパネルで上から順番に適用されていきます。手順8で右図のように配置することで「パスをアウトライン」で線を塗りに変換してから「追加」で全ての塗りを結合する、という処理になります。

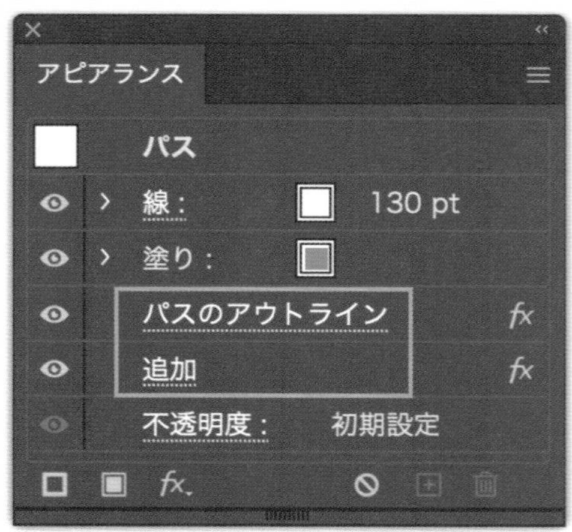

線に 効果 パスのオフセット

片方の線を選択し、**効果＞パス＞パスのオフセット** をマイナスで適用。

内側の線の線幅を整える

パスのオフセットを適用した線の線幅を半分程度に下げて完成。

グループ化する前のアピアランスを編集する場合は「内容」をダブルクリックしてください。

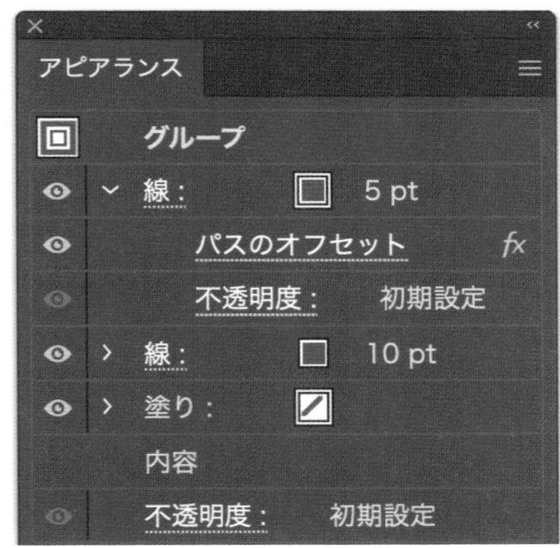

効果 パスのオフセット

適用したパスを太らせる効果で、数値をマイナスにすると逆に細くなっていきます。単純な拡大・縮小とは異なり、パスが等間隔に広がっていきます。

普通の拡大

オフセット

アピアランスの階層

パス単体のアピアランスとグループのアピランスは別物です。両方を適用した場合、どのような処理がされるのかについて解説します。

グループのアピアランス

アピアランスはパス単体だけではなく、グループやレイヤーにも設定することができます。グループのアピアランスを設定するとパスのアピアランスは見えなくなりますが、削除されたのではなく「内容」という項目に内蔵されて残っており、「内容」をダブルクリックすると表示されます。

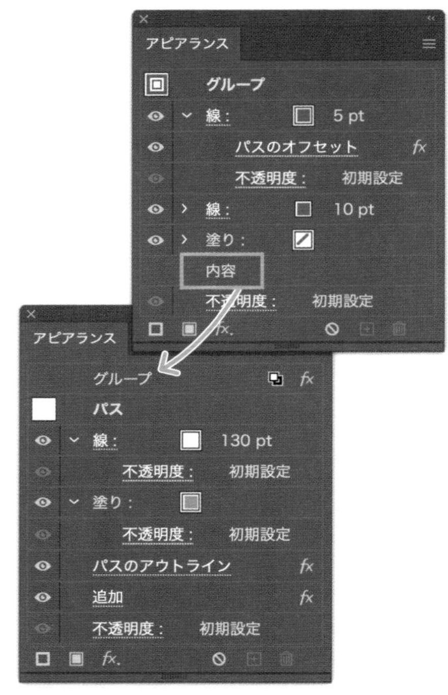

処理の順序

パスとグループのアピアランスは、まずパスのアピアランスが処理され、その後にグループのアピアランスが処理されます。右図の場合、パスで線幅を太くし、効果 パスのアウトライン でパスを塗りに変換＆結合した後の形状に対して、グループの新規線が追加されるという流れです。

「内容」も重ね順の影響を受ける

パスのアピアランスを内包した「内容」もアピアランスパネルでの重ね順の影響を受けます。「内容」を上に移動した場合、右図のように白い塗りが前面に出て線が見えなくなります。

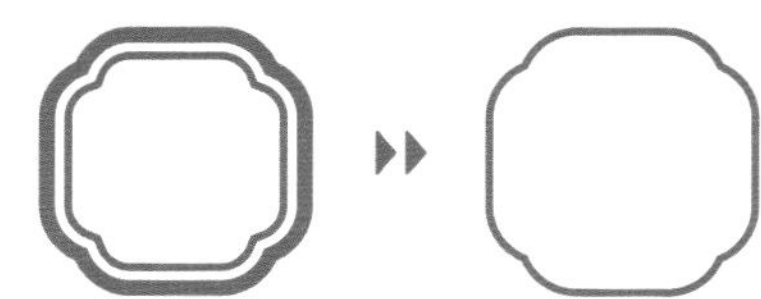

RECIPE

27

爆発フキダシ

効果「パンク・膨張」で凹みを作ると、アンカーポイントを動かしたり増やしたりするだけで簡単に調整できます。

動画でも解説！

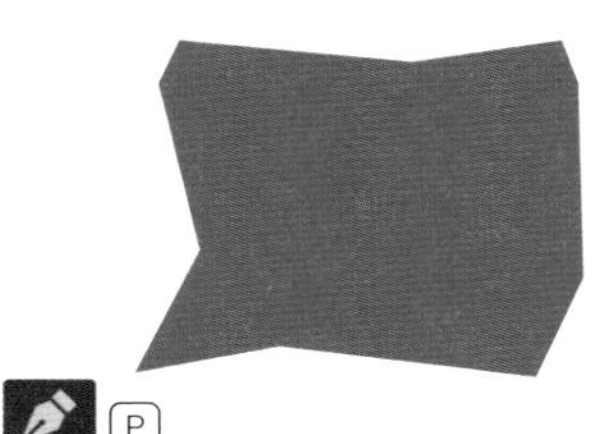

直線で不規則な形状を描く

ペンツールでアートボードをクリックし、不規則な直線のパスを描く。

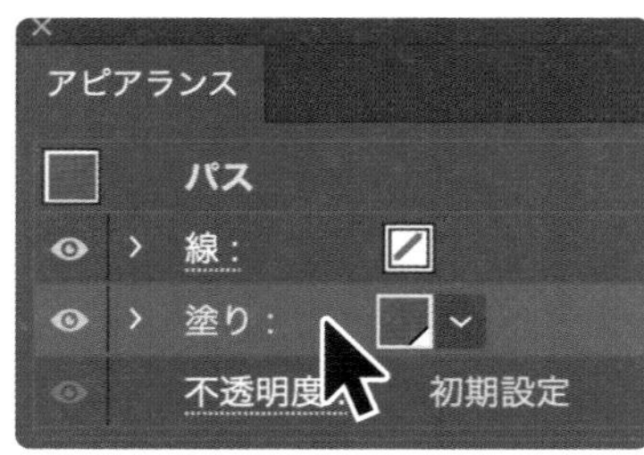

「塗り」を選択

パスを選択し、アピアランスパネルから「塗り」を選択。

効果 パンク・膨張 を適用

効果＞パスの変形＞パンク・膨張 を-40%程度で適用。ヒント

NEXT

細長い線が消える程度の小さな数値で

効果 パスのオフセット 適用

「塗り」に **効果＞パス＞パスのオフセット** をマイナスの数値で適用。

アピアランスパネルがこうなればOK。

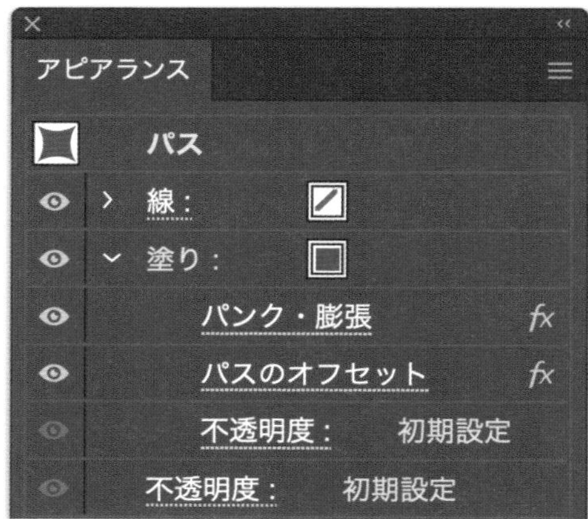

効果 パンク・膨張

アンカーポイントをパスの中心に向かってひっぱり、セグメント（アンカーポイントをつなぐ線）を外側に膨張させる効果です。数値をマイナスにした場合は逆になります。

効果適用前

数値がプラスの場合

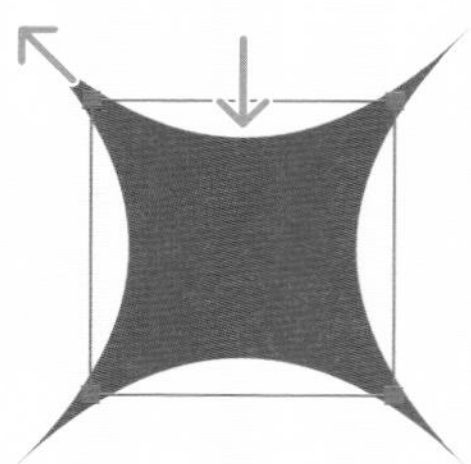

数値がマイナスの場合

STEP 5

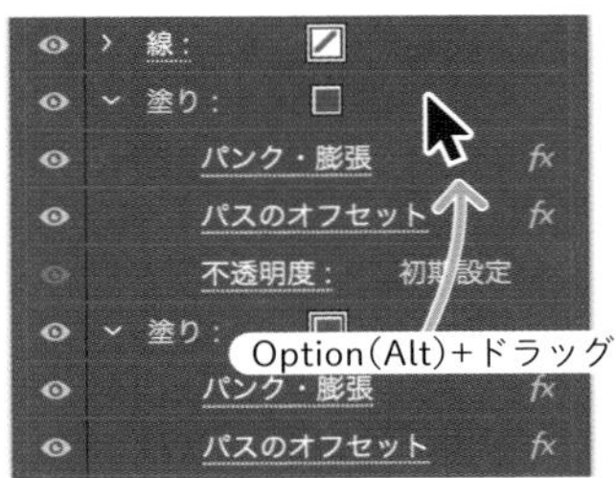

「塗り」を複製

「塗り」をOption（Alt）＋ドラッグ で複製。

STEP 6

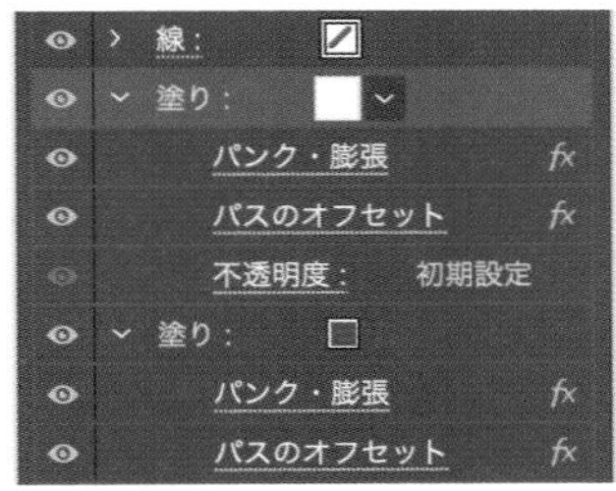

上の塗りの色を白に

上にある塗りの色を白に変更。

STEP 7

パンク・膨張の数値を下げる

白い塗りの「パンク・膨張」の数値を -50% に。ヒント

STEP 8

オフセットの数値を下げる

白い塗りの「パスのオフセット」の数値をわずかに下げて完成。

適用した効果を編集する

アピアランスパネルから効果の文字をクリックすると、適用した効果の数値などを編集できます。効果は実際にパスを変形させているのではなくあくまでシミュレーションなので、後からいくらでも微調整できるのが強みです。

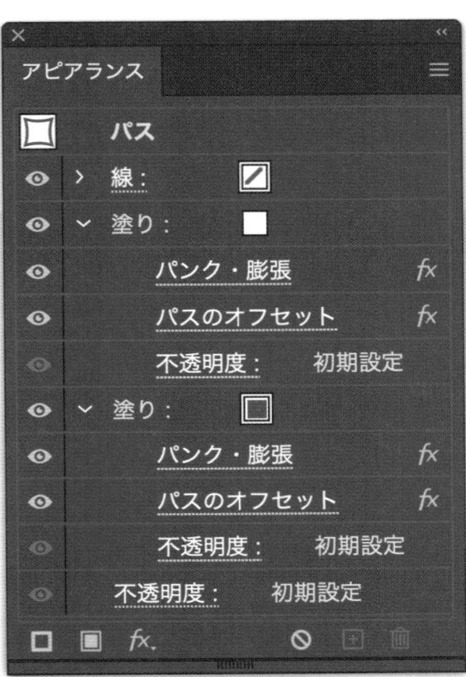

RECIPE

28

レースコースター

実はリピートにリピートを重ねがけすることができるんです。複雑なレース模様をお手軽に作ってしまいましょう。

動画でも解説！

STEP 1

L

楕円を描く

楕円形ツールで縦長の楕円を描く。色は線のみで、線幅はやや太めに。

STEP 2

リピート＞ラジアル を適用

選択し、**オブジェクト＞リピート＞ラジアル** を適用。

STEP 3

見た目は
多少違ってもOK

リピートオプションを調整

プロパティパネルからインスタンス数を12程度に、半径を小さくする。

STEP 4

もう一度リピートを適用

オブジェクト＞リピート＞ラジアル を重ねがけする。

STEP 5

NEXT

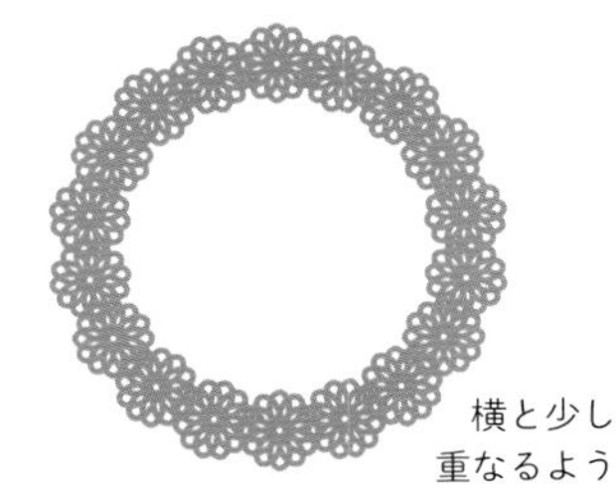
横と少し
重なるように

リピートオプションを調整

プロパティパネルからインスタンス数を18程度に、半径を大きくする。

ヒント

リピート元のオブジェクトを編集

リピートを適用したオブジェクトを選択ツール（V）でダブルクリックすると編集モードへ移動し、オブジェクトを編集すると他のインスタンス（リピートで増えたコピー）にも反映されます。好みのバランスになるまで微調整しましょう。

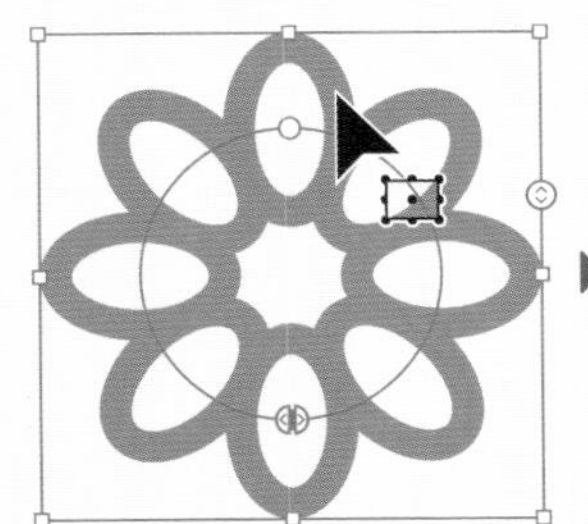

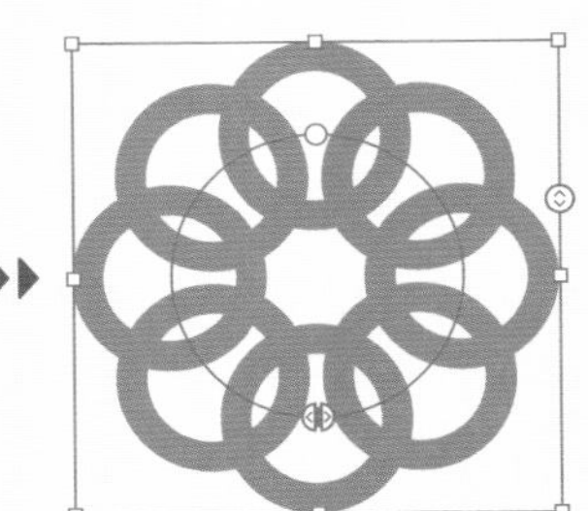

STEP 6

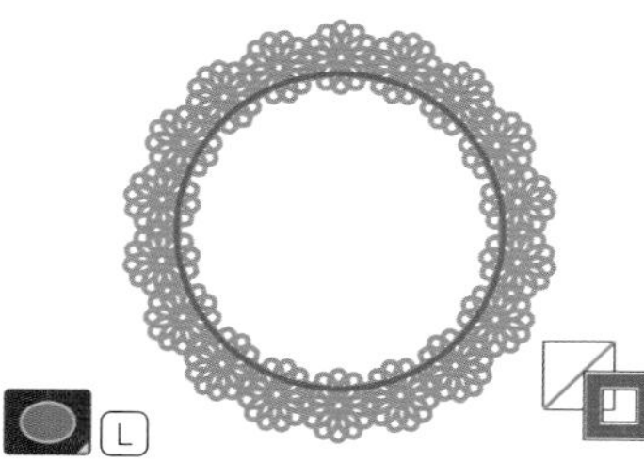

線のみの正円を描く

楕円形ツールで正円を描き、中心に配置して線幅を整える。

STEP 7

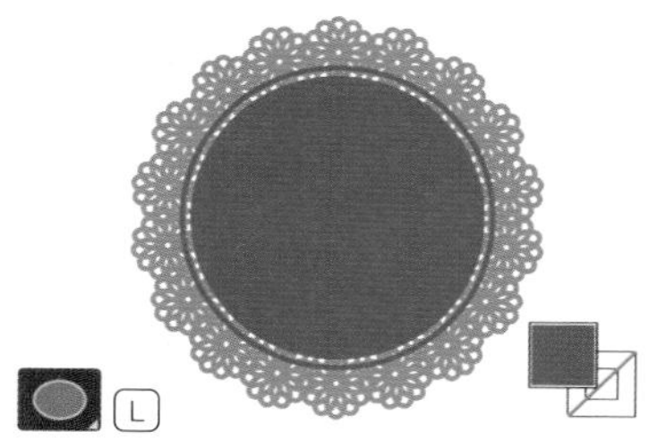

内側に塗りのみの正円を描く

正円の内側に、少し小さい正円を描く。色は塗りのみにする。

STEP 8

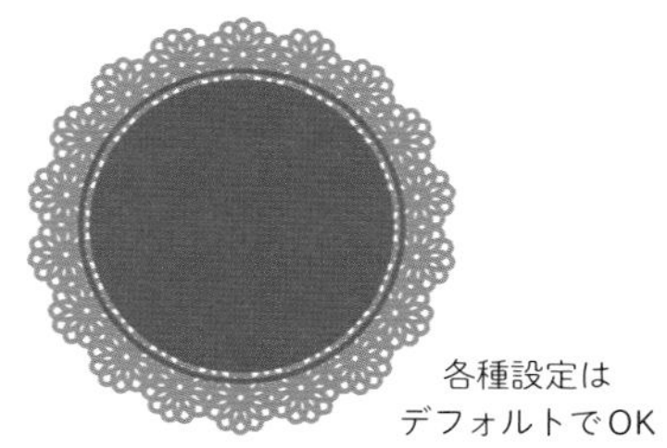

透明部分を分割・統合

全選択し、**オブジェクト＞透明部分を分割・統合** 。

STEP 9

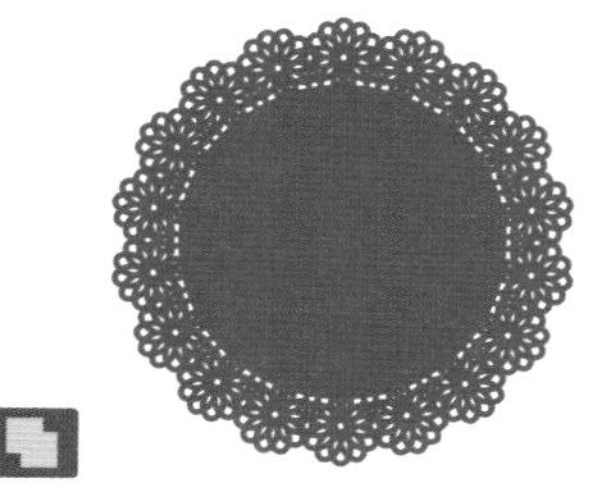

パスファインダー＞合体

全選択し、パスファインダーパネルから 合体 を適用して完成。

ヒント

パスファインダー＞合体

重なっているパスを1つに合体させるパスファインダー。合体後は最前面にあるパスの色になります。

また、線の線幅も含めて合体するにはパスのアウトラインを適用する必要がありますが、今回は手順8の「透明部分を分割・統合」にその工程が含まれています。

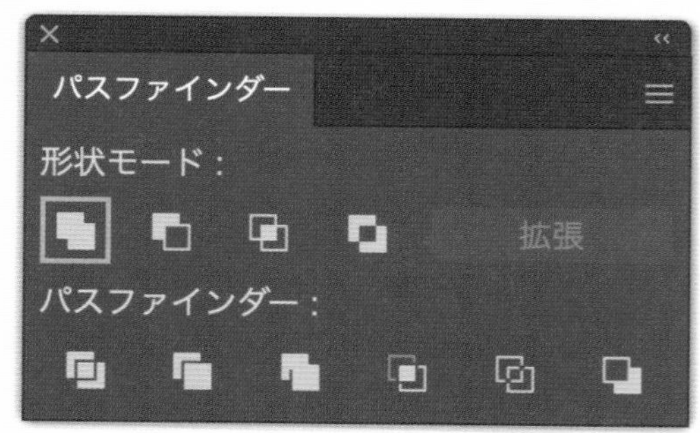

RECIPE

30

クラシックフレーム

1つの角をアピアランスで回転コピーして作っています。なので1つの角を修正すると自動的に他の角も修正されます。

動画でも解説！

STEP 1

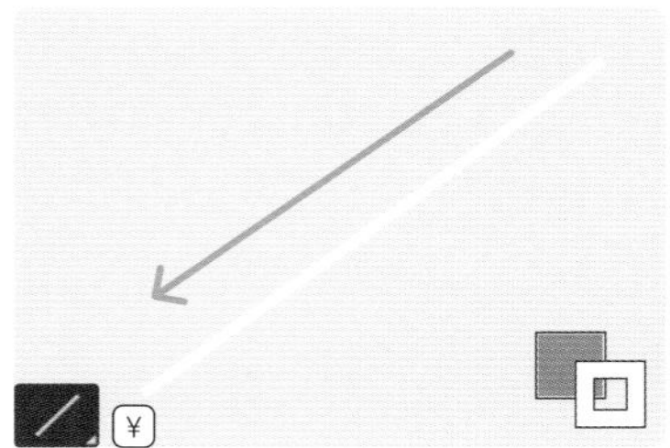

斜めの直線を描く

直線ツールで斜め直線を描く。塗りと線の色を設定する。

STEP 2

効果 ジグザグ を適用

選択し、**効果＞パスの変形＞ジグザグ** を適用。

STEP 3

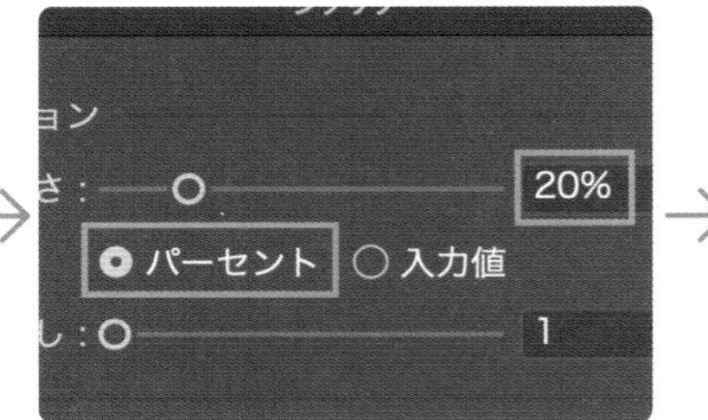

大きさを20%に

大きさは「パーセント」を選択し、20%程度に。

STEP 4

折り返しは1、「滑らかに」

折り返しは1、「滑らかに」設定してOK。

STEP 5

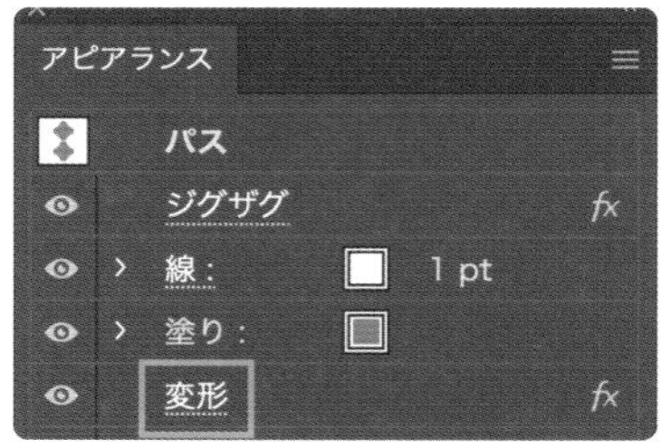

効果 変形 を適用

効果＞パスの変形＞変形 を適用。

STEP 6

NEXT

垂直方向に反転コピー

「垂直方向に反転」をオンに、基準点を下に、コピーを1に。ヒント

効果 変形 の「コピー」(1)

基準点を下に変更すると、オブジェクトの底辺を基準にして「垂直方向に反転」が適用されます。「コピー」を1にすることで、変形前の元のオブジェクトはそのまま、変形後のオブジェクトが1回コピーされます。

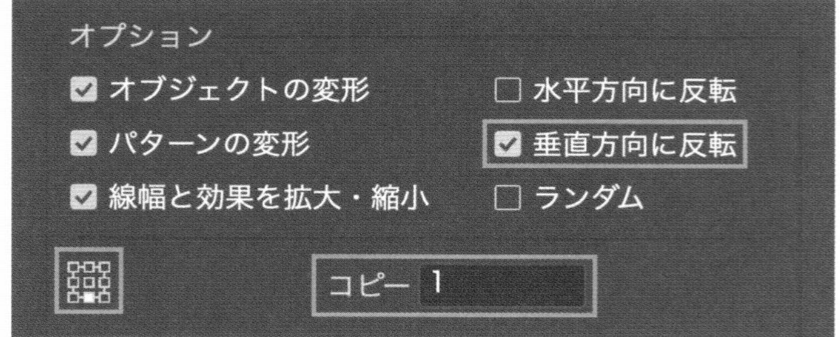

RECIPE

32

集中線

複数の線を「個別に変形」でランダムに変形させてパターンブラシにしましょう。適用する円の大きさや線幅などで、細かく見た目を調整できます。

動画でも解説！

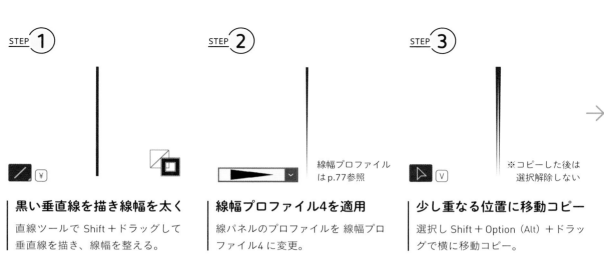

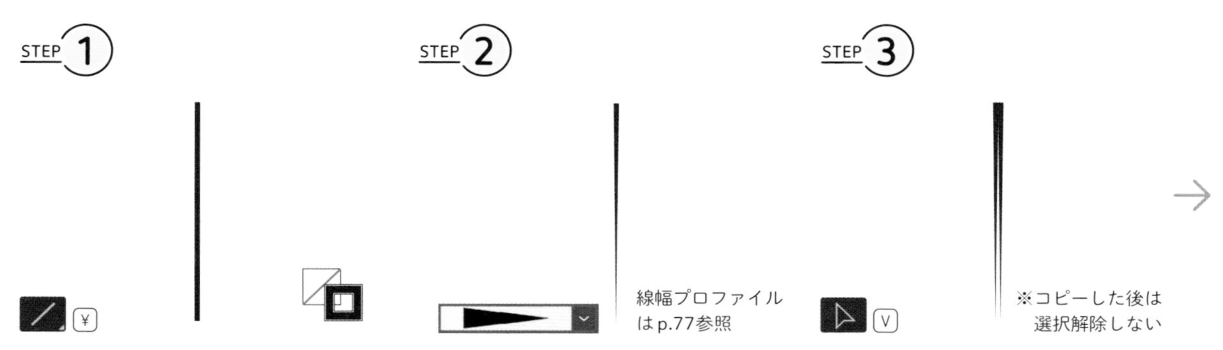

黒い垂直線を描き線幅を太く

直線ツールで Shift＋ドラッグして垂直線を描き、線幅を整える。

線幅プロファイル4を適用

線パネルのプロファイルを 線幅プロファイル4 に変更。

少し重なる位置に移動コピー

選択し Shift＋Option（Alt）＋ドラッグで横に移動コピー。

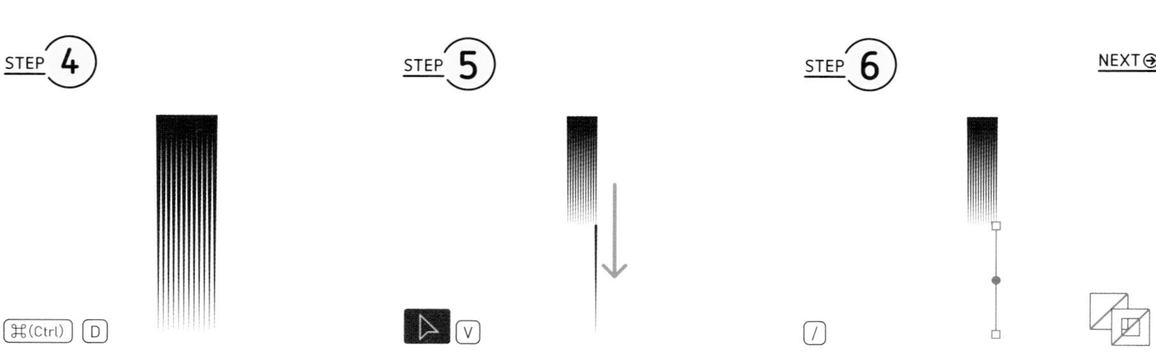

変形の繰り返しを数回適用

オブジェクト＞変形＞変形の繰り返し を10回程度繰り返し適用。

直線を一本下に移動コピー

直線を1本 Shift＋Option（Alt）＋ドラッグで下に移動コピー。

下の線の色をなしに

複製した下の直線の線の色をなしに変更。ヒント

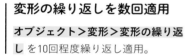

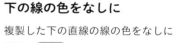

無色の線の意味

このあとパターンブラシにして正円に適用するのですが、その際に正円のパスが中央の余白部分に配置されるように、無色のパスで位置調整をしています。

無色パス有りの方が正円の選択や線幅の調整が断然楽です。

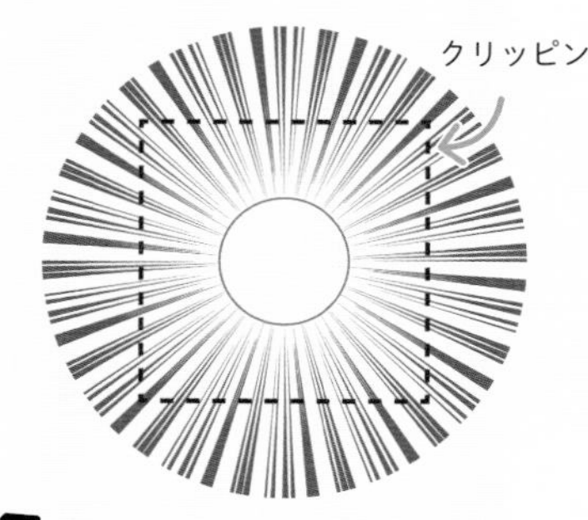

無色パスありの場合

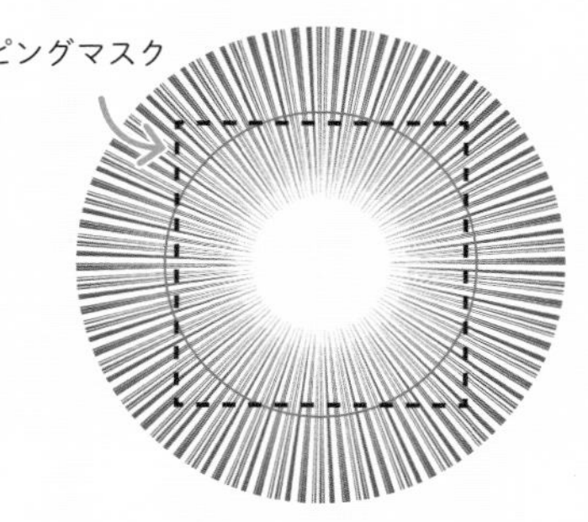

無色パスなしの場合

STEP 7

Shift Option(Alt) ⌘(Ctrl) D

上の線を全選択し 個別に変形

オブジェクト＞変形＞個別に変形 を下図のように適用。ヒント

STEP 8

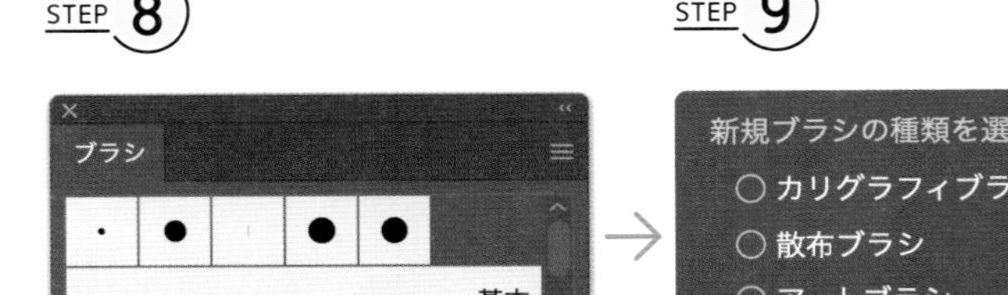

全選択して新規ブラシ作成

無色の線も含めて全選択し、ブラシパネルから 新規ブラシ をクリック。

STEP 9

パターンブラシを選択

新規ブラシの種類からパターンブラシを選択し、OKをクリック。

NEXT

移動の数値は実際の変形の様子をみて各自で調整してください。

ヒント

「ランダム」に変形

右図のように設定することで、「上の位置は揃えた状態のまま、長さや線幅がランダムな線を不規則な水平位置で並べる」ことができます。

個別に変形

拡大・縮小
水平方向：10%
垂直方向：80%

移動
水平方向：20 px
垂直方向：0 px

オプション
☑ オブジェクトの変形
☑ パターンの変形
☑ 線幅と効果を拡大・縮小
☑ 角を拡大・縮小
☐ 水平方向に反転
☐ 垂直方向に反転
☑ ランダム

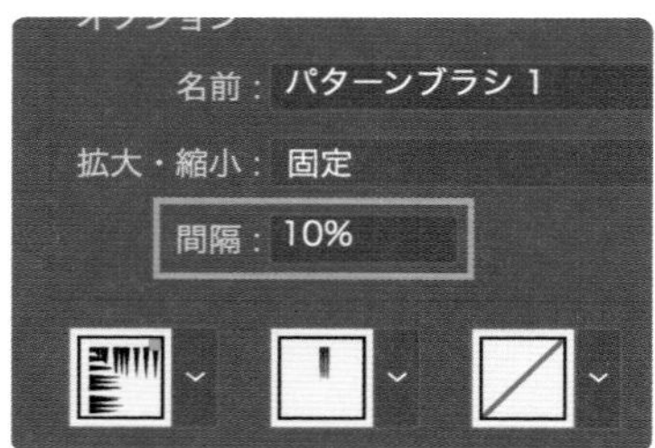

間隔を広げ、「彩色」に

間隔を10%前後に、着色の方式を「彩色」にしてOK。ヒント

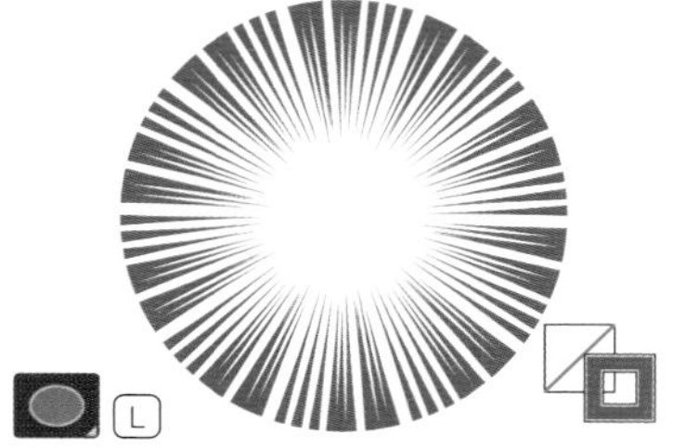

正円を描いてブラシを適用

大きめの正円を描いて線の色を変更し、作成したブラシを適用。

クリッピングマスクを適用

上に図形を描き、**オブジェクト＞クリッピングマスク＞作成** で完成。

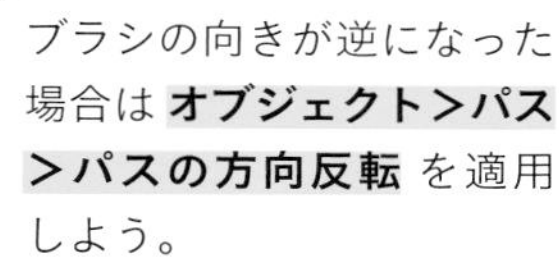

ブラシの向きが逆になった場合は オブジェクト＞パス＞パスの方向反転 を適用しよう。

ヒント

着色

右下の「着色」の方式を設定することで、ブラシに線の色を反映させることができます。「彩色」の場合、ブラシの色を全て線の色の濃淡に置き換えます。

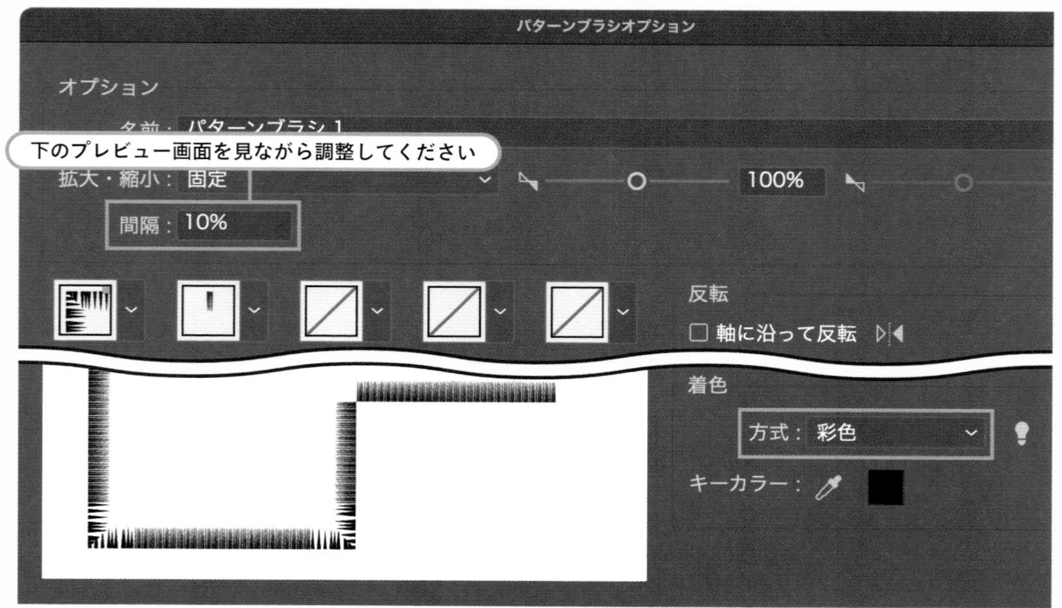

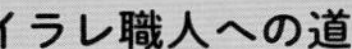

集中線ブラシの調整方法

前ページで紹介した集中線ブラシは、後から見た目を編集がしやすいように作られています。簡単に編集方法を解説しましょう。

余白の大きさを変更する

ダイレクト選択ツールで周囲の尖った線をクリックすると正円が選択状態になります。この正円の大きさが余白の大きさになります。

集中線の大きさを変更する

上記と同様に正円を選択し、線幅を増減すると集中線の大きさが変化します。

集中線の位置を変更する

正円を移動させることでよりダイナミックな表現もできます。線幅と合わせて調整しましょう。

色を変更する

手順10で「着色」の設定をしたので、線の色に合わせてブラシの色も変化します。背景に塗りのオブジェクトを配置して使用しましょう。

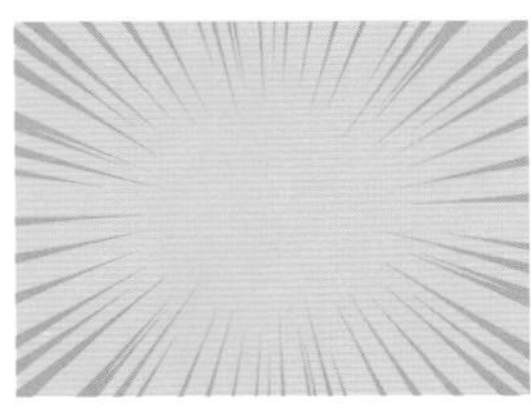
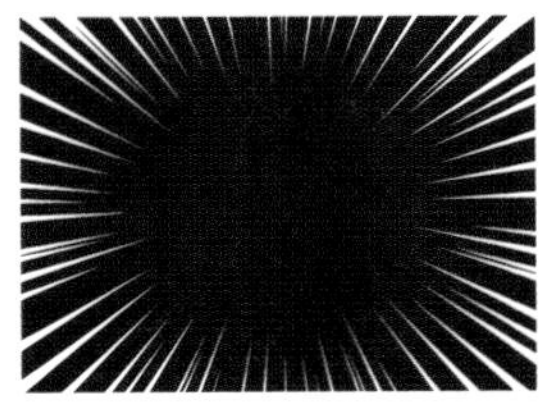

RECIPE

33

月桂冠

手作業で1つ1つ回転＆縮小するのではなく、効果 変形 と アートブラシの組み合わせで一括加工してしまいましょう。

動画でも解説！

STEP 1

 L

横長の楕円を描く

楕円形ツールで横長の楕円を描く。塗りの色は黒に。

STEP 2

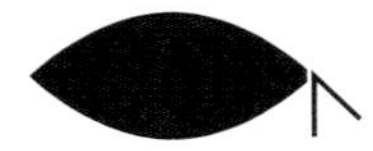

Shift C

両端のハンドルを削除

アンカーポイントツールで両端のアンカーポイントをクリック。

STEP 3

 V

30度ほど回転

選択ツールでオブジェクトを30度ほど回転させる。

STEP 4 NEXT

効果＞パスの変形＞変形

右図を参考に、縮小と移動と反転を連続して適用。 ヒント

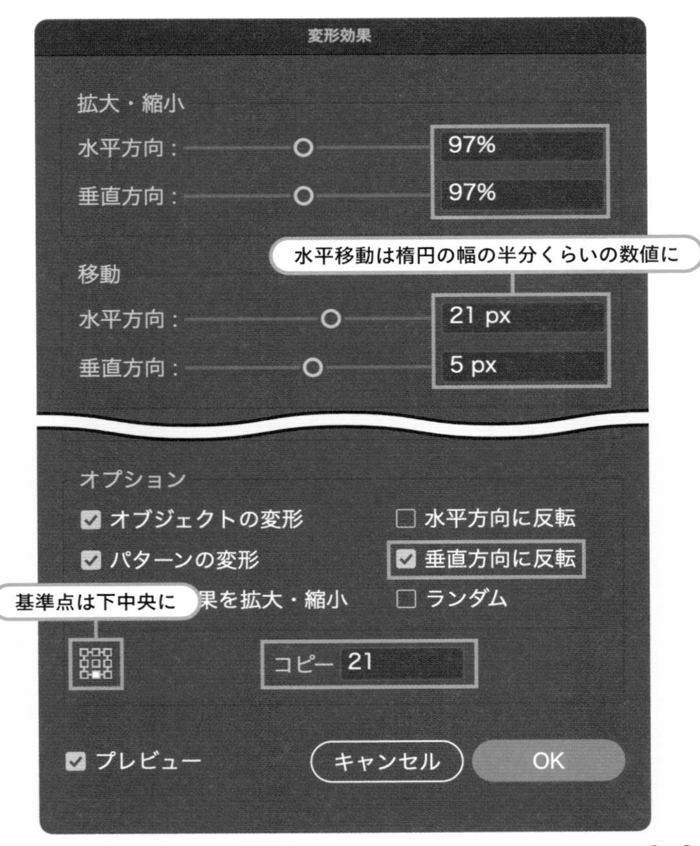

効果 変形

基準点を下にして反転（と縮小＆移動）を繰り返すことで、効率よく変形を適用できます。

繰り返すごとに小さくなっていく

STEP 5

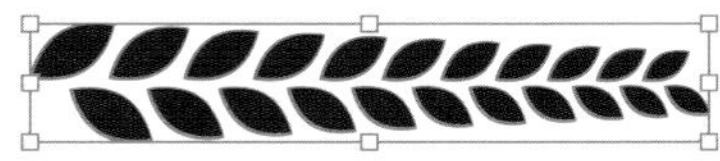

アピアランスを分割

オブジェクト＞アピアランスを分割 を適用。

STEP 6

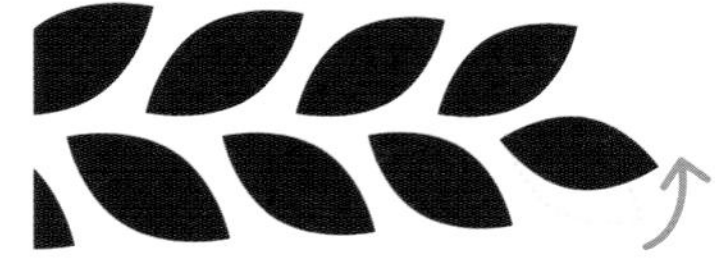

右端のパスを回転

ダイレクト選択ツールで右端のパスを選択し、上図のように回転。

STEP 7

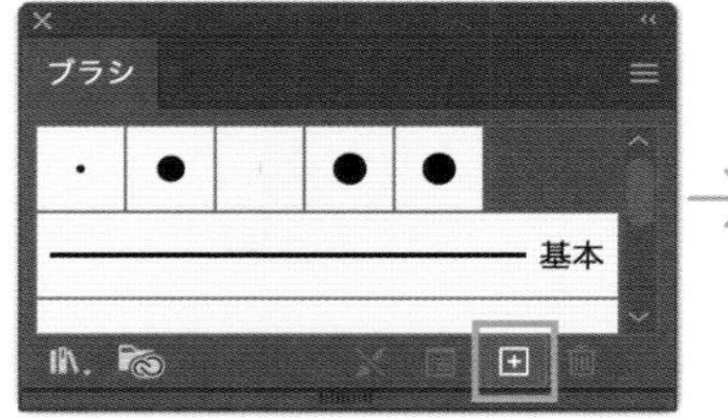

新規でアートブラシを作成

全選択し、ブラシパネルから新規ブラシを作成。アートブラシを選択。

STEP 8

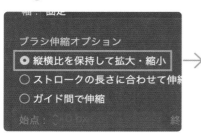

ブラシ伸縮オプション
縦横比を保持して拡大・縮小
ストロークの長さに合わせて伸縮
ガイド間で伸縮

縦横比を保持して拡大・縮小

ブラシ伸縮オプションを「縦横比を保持して拡大・縮小」に。ヒント

STEP 9

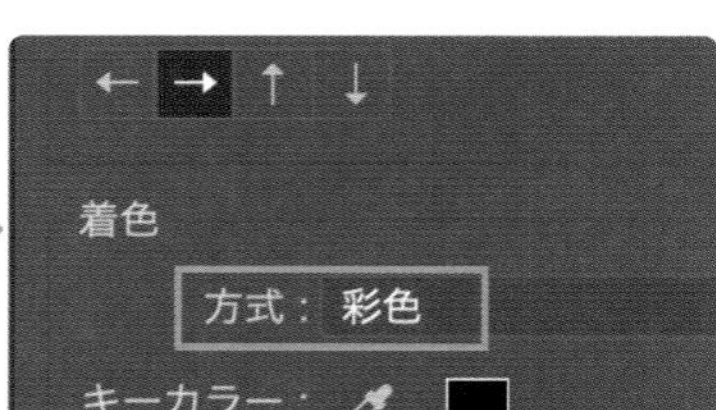

着色を「彩色」に

着色の方式を「彩色」に変更し、OKをクリック。

STEP 10

NEXT

円弧を描き、線の色を変更

円弧ツールなどで曲線を描き、線の色を変更。

ブラシ伸縮オプション

線の長さに対して、ブラシの縦横比をどう変化させるかという設定です。
「ストロークの長さに合わせて伸縮」の場合、線の長さによってブラシの縦横比が変化し、潰れたような見た目になる場合もあります。
「縦横比を保持して拡大・縮小」の場合、どんな線の長さでも縦横比は維持されます。

ストロークの長さに合わせて伸縮

縦横比を保持して拡大・縮小

作成したブラシを適用

曲線を選択し、ブラシパネルから作成したブラシを適用。

STEP 12

少し離れた位置に反転コピー

選択状態でリフレクトツールに切り替え、基準点を離して反転コピー。

STEP 13

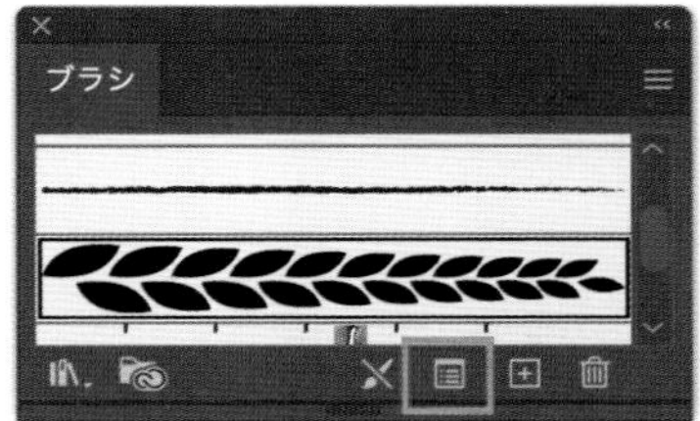

複製したブラシの設定を開く

右のパスを選択し、ブラシパネルの「選択中の〜オプション」を開く。

STEP 14

軸を基準に反転

「軸を基準に反転」にチェックをして完成。 ヒント

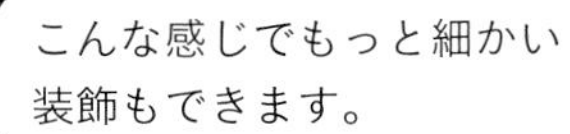

こんな感じでもっと細かい
装飾もできます。

選択中のオブジェクトのオプション

選択しているオブジェクトに適用しているブラシの設定をする機能で、ここを変更しても同じブラシを適用しているオブジェクトには影響はありません。ブラシパネル以外にも、ブラシを適用したパスを選択中のプロパティパネルからも開けます。

ブラシ

プロパティパネルでの表示

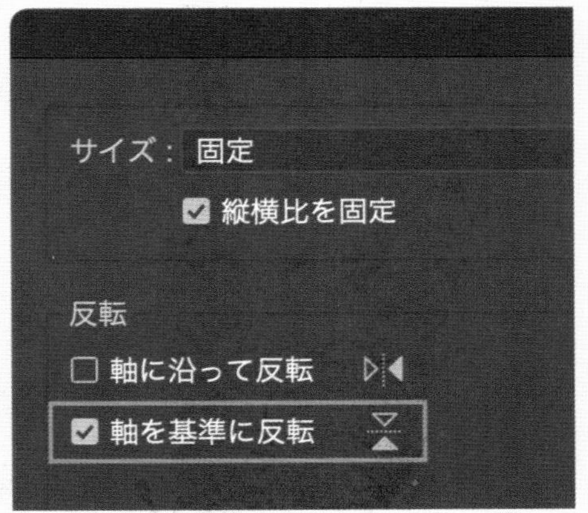

Chapter 4

タイトル

RECIPE
34
版画文字

アピアランスで加工すると、文字を打ち替えてもデザインが維持されます。見出しをたくさん作りたい時などに非常に便利ですよ。

動画でも解説！

STEP 1

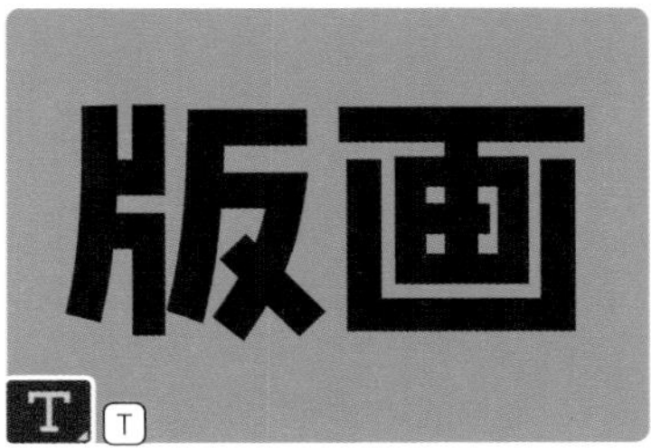

文字を用意

作例はAdobe Fontsの AB Tombo Bold の200pt。

STEP 2

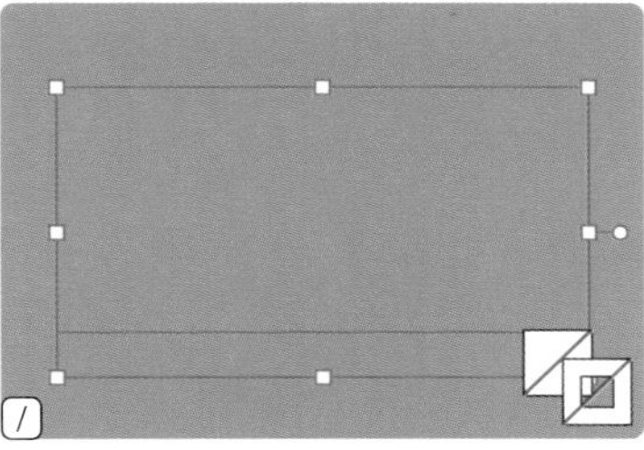

塗りと線の色をなしに

文字の塗りと線の色を一度なしの状態に。

STEP 3

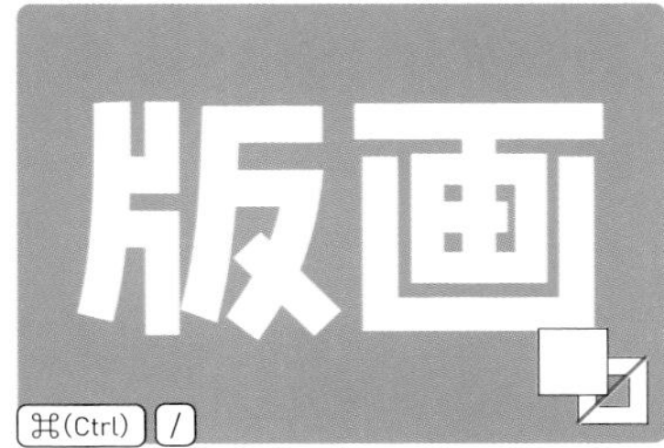

新規塗りを追加し、色を白に

アピアランスパネルから新規塗りを追加し、色を白に。

STEP 4

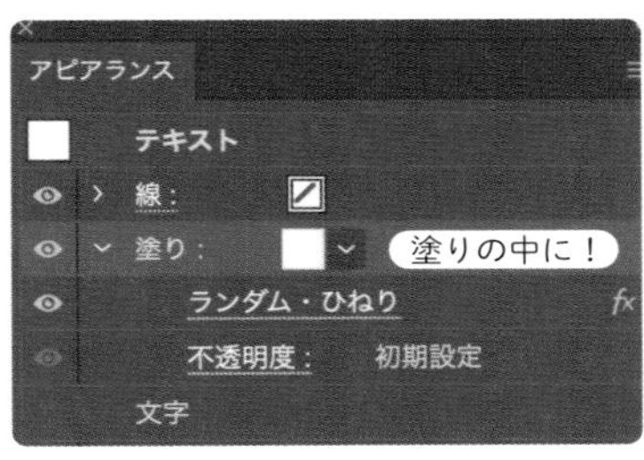

塗りに 効果 ランダム・ひねり

塗りを選択し、**効果＞パスの変形＞ランダム・ひねり** を適用。

STEP 5

少し形が崩れる程度に適用

量は「入力値」の小さな数値で。変更はアンカーポイントのみ。ヒント

STEP 6

NEXT

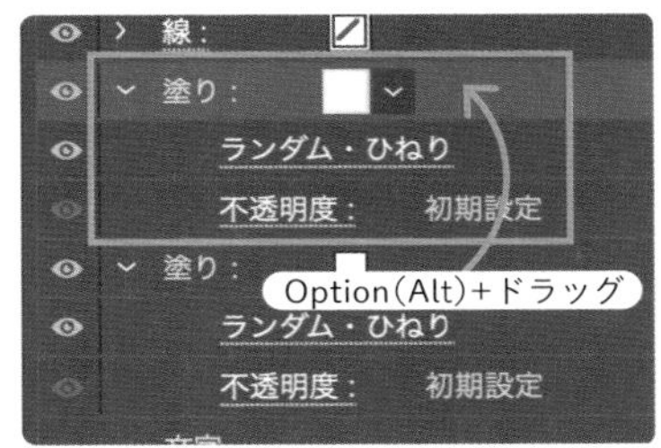

塗りを複製する

アピランスパネルで塗りをOption (Alt) +ドラッグ してコピー。

効果 ランダム・ひねり

パスの形状をランダムに変形する効果です。厳密にはアンカーポイントとハンドル（パスを曲げる時に引っ張る棒）の位置を「量」を最大値としてランダムに移動させるという仕組みです。

アンカーとハンドルの位置が
ランダムに移動しています

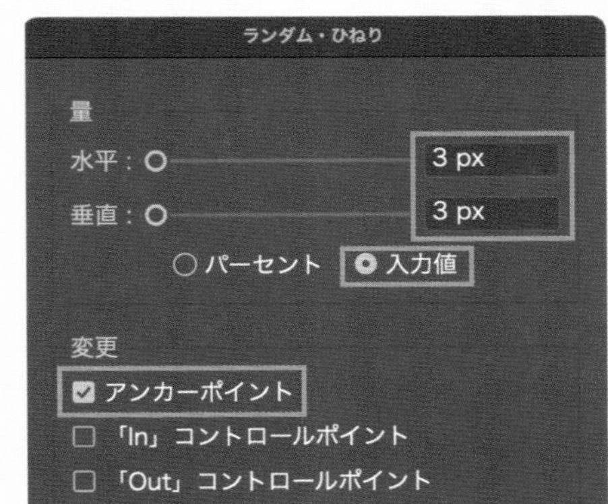

STEP 7

上の塗りの色を変更

上の塗りの色を黄色などに変更。

STEP 8

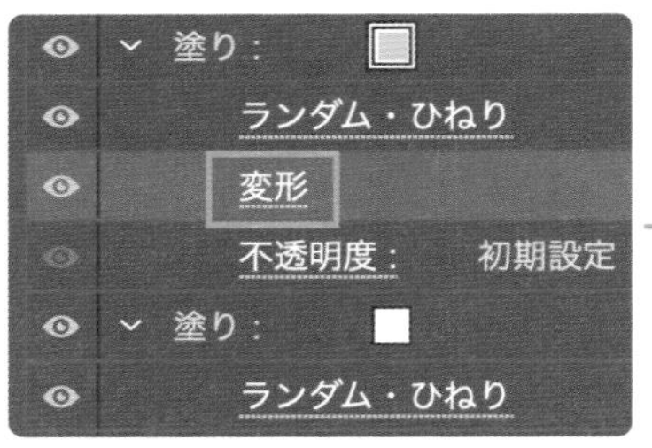

上の塗りに 効果 変形 を適用

上の塗りを選択し **効果＞パスの変形＞変形** を適用。

STEP 9

黄色のみを左上に移動

移動の数値を両方マイナスにして、黄色のみを左上にずらす。

STEP 10

NEXT

上の塗りを乗算に

上の塗りの不透明度を開き「通常」を「乗算」に変更。ヒント

塗りと線の不透明度

不透明度はオブジェクト全体のものとは別に、アピアランスパネルから塗りや線の中に個別の不透明度もあります。この不透明度の設定はその塗りや線にのみ適用されます。

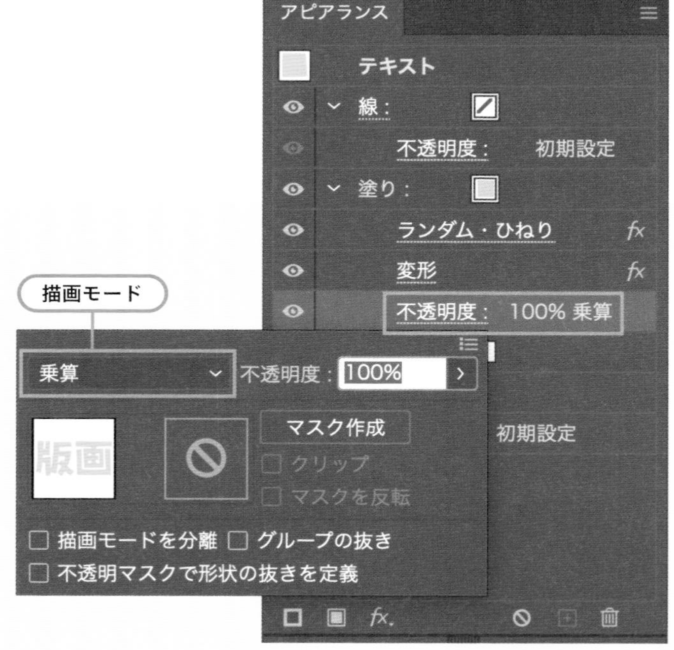

STEP 11

効果 ラフを適用

効果＞パスの変形＞ラフ を適用。後で調整するので数値は適当でOK。

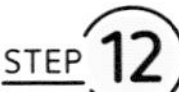

STEP 12

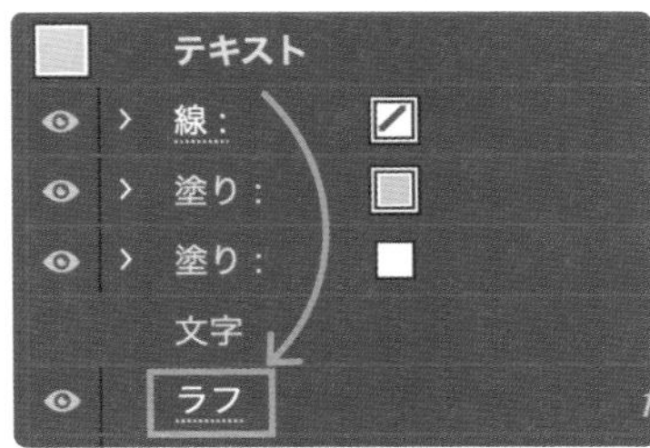

ラフ を一番下に移動

アピアランスパネルで、ラフを一番下に移動。

STEP 13

ラフの数値を調整

アピアランスパネルから「ラフ」を開き、数値を調整して完成。ヒント

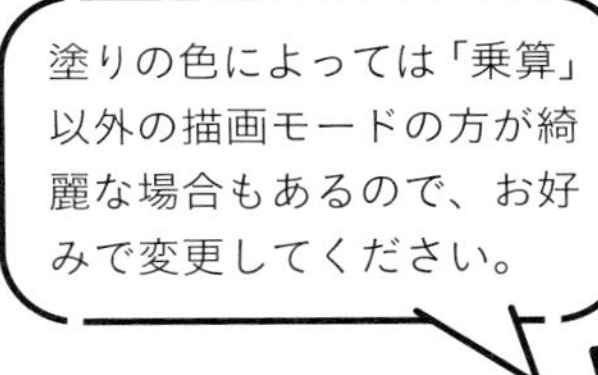

塗りの色によっては「乗算」以外の描画モードの方が綺麗な場合もあるので、お好みで変更してください。

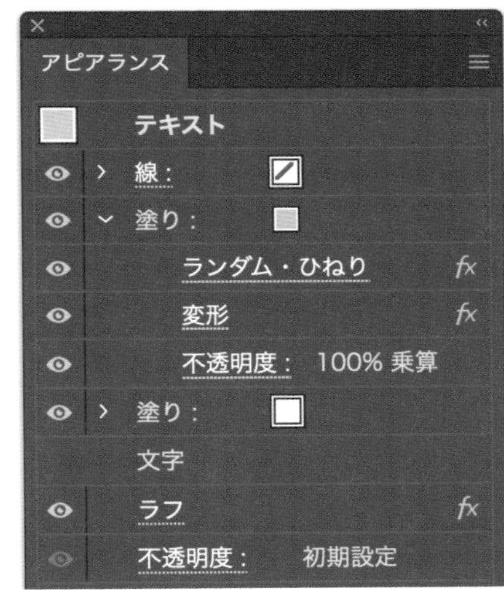

ヒント

効果 ラフ

文字の大きさなどによって適切な数値は異なります。「サイズ」が1pxでもギザギザが大きすぎる場合は0.5などにして微調整してください。「ポイント」はどちらでも良いです。

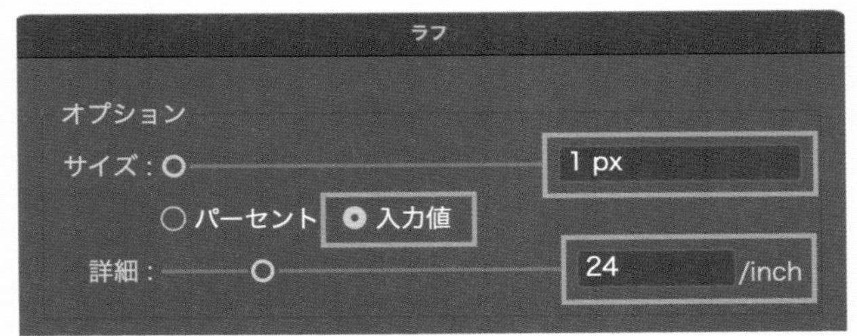

パーセントと入力値

一部の効果には「パーセント」と「入力値」という設定項目があります。それぞれどのような意味があるのかを解説します。

変形の振れ幅を設定する項目

効果の変化の大きさなどの数値で使用される設定項目です。効果 ランダム・ひねり や 効果 ラフ、効果 ジグザグ で使用します。以下では 効果 ジグザグ を例に解説します。

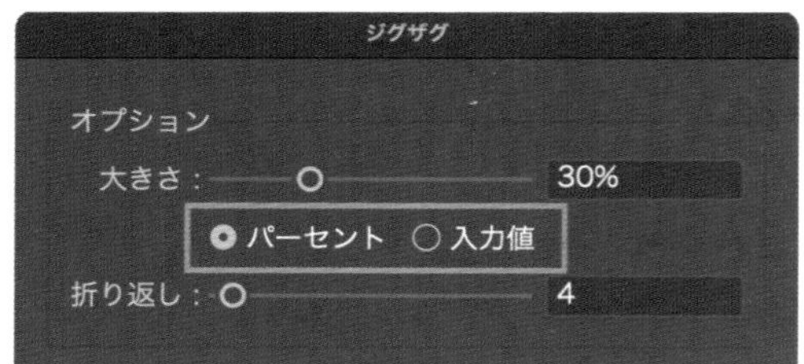

パーセントと入力値の違い

パーセントは適用したパスの長さに応じた割合で数値を計算し、入力値は入力した数値をそのまま使用する設定です。つまり、パーセントはパスが長くなるとラフなどの振れ幅が大きくなり、入力値はパスが長くなっても振れ幅が変化しない設定になります。
前ページの作例の場合は文字によってパスの長さが変化するため、文字を打ち替えた際にラフなどの振れ幅が変わらないように入力値にしています。

「パーセント」だと線が長くなると山も大きくなる

「入力値」だと線が長くなっても山の高さは変わらない

RECIPE

35

立体文字

3Dで立体の側面を見せようとすると文字も傾いてしまいますよね。今回は文字は正面のまま、側面だけ立体的に見せるトリックをご紹介。

動画でも解説！

STEP 1

文字を用意

作例はAdobe Fontsの Octin College Heavy の300pt。

STEP 2

押し出しとベベル（クラシック）

効果＞3Dとマテリアル＞3D（クラシック）＞押し出しとベベル（クラシック）

※旧バージョンは効果＞3D＞押し出し・ベベル

STEP 3

X.Y.Z を 1.1.0 に

位置のX軸、Y軸、Z軸の数値をそれぞれ1、1、0に変更。 ヒント

STEP 4

NEXT

奥行きを大きくする

押し出しとベベル の「押し出しの奥行き」の数値を大きくする。 ヒント

立体に見せるトリック

X軸とY軸を本のわずかに傾け、奥行き（立体の側面）を過剰に大きくすることで、正面はほぼそのまま、斜めに飛び出た側面を見せることができます。

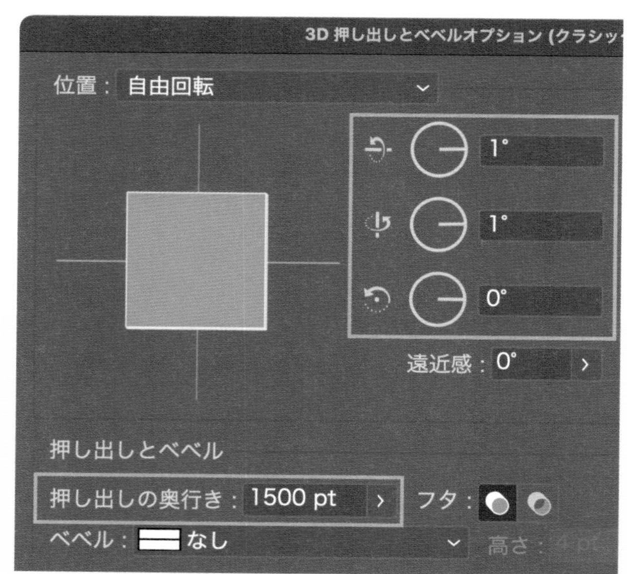

普通に傾けると正面も傾く

完成品は正面は傾かない

真横から見るとめっっっっっっちゃくちゃ長い

STEP 5

表面を「陰影（艶消し）」に

表面を「陰影（艶あり）」から「陰影（艶消し）」に変更。ヒント

STEP 6

ライトを中心に

「詳細オプション」を開き、球体の中の白い丸を中心に移動。ヒント

STEP 7

環境光0に、ブレンド1に

環境光 を0%に。ブレンドの階調を1に。ヒント

STEP 8

NEXT

陰影のカラーの影の色を変更

陰影のカラーをカスタムに変更し、色を側面の影の色にする。ヒント

環境光を0%に

環境光はライトとは別に周囲から照らされる自然な光の設定で、数値が大きいほど「陰影のカラー」が薄くなります。つまり、0%にすると陰影のメリハリが一番強い状態になります。

それ以外の項目についてはp.54参照

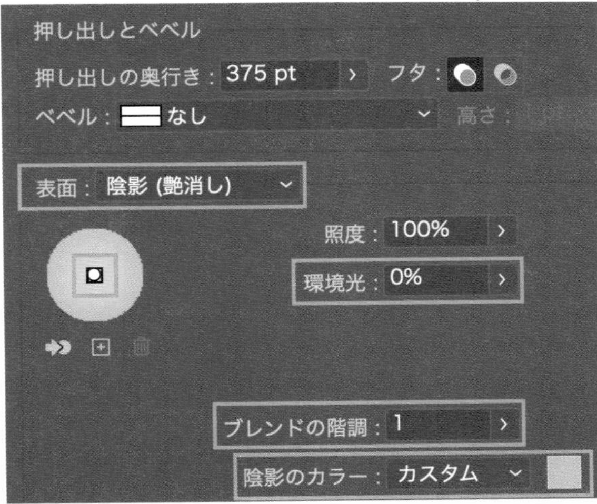

STEP 9

3Dを文字の上に移動

アピアランスパネルで「3D～」を「文字」の上に移動。ヒント

STEP 10

新規線を追加

アピアランスパネルで新規線を追加し、線の色と線幅を整える。

STEP 11

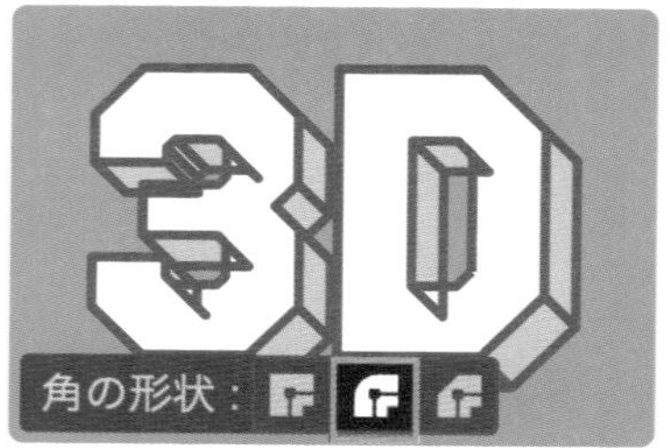

角の形状をラウンド結合に

線パネルから角の形状をラウンド結合に変更。

STEP 12

効果 刈り込み を適用

「3D」の下に **効果＞パスファインダー＞刈り込み** を適用して完成。

「文字」のアピアランス

一番最初に適用した白い塗りは「文字」の中に格納されており、「文字」をダブルクリックで表示されます。「文字」に適用されている塗り・線とアピアランスパネルで新規追加する塗り・線は別の扱いで、「文字」のアピアランスは重ね順を入れ替えたり、効果を適用したりできません。「テキスト」は「グループ」のように、「文字」に上書きする形で適用されています。

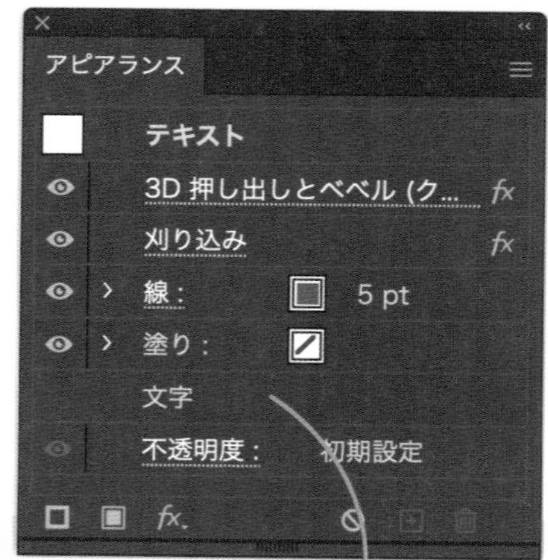

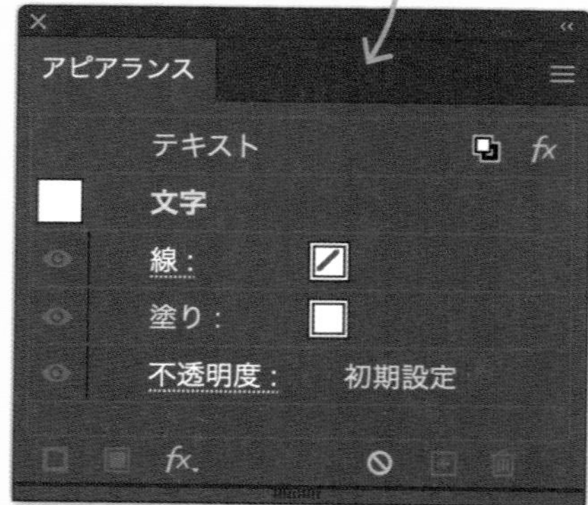

RECIPE

36

トゲの出ないフチ文字

フチ文字(袋文字)にすると、たまに謎のトゲが出現します。実はこれは線の設定で回避できるんです。

動画でも解説!

STEP 1

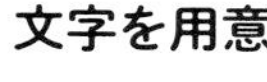

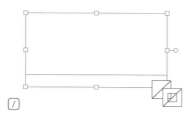

文字を用意

作例はAdobe Fontsの FOT-ロダン ProN。

STEP 2

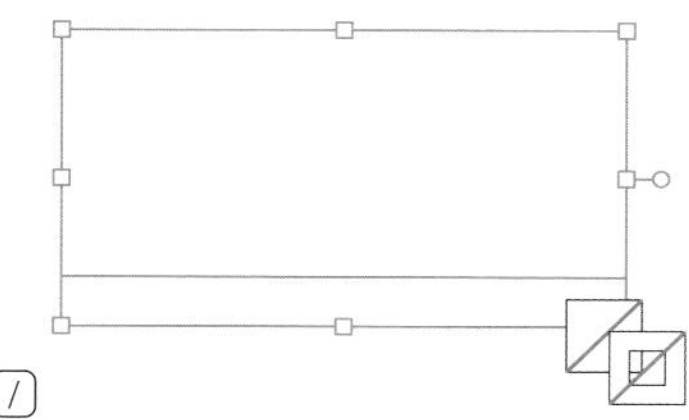

塗りと線の色をなしに

文字の塗りと線の色を一度なしの状態に。

STEP 3

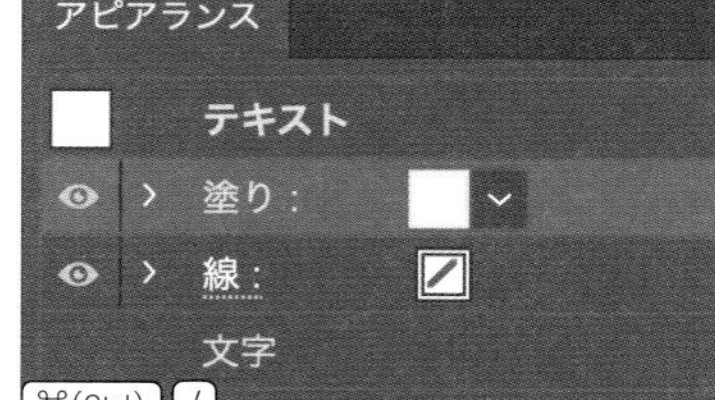

新規塗りを追加し上に移動

アピアランスパネルで新規塗りを追加し、色を白に。線の上へ移動。

STEP 4

フォントや文字によって
謎のトゲが出現します

線の色を設定し線幅を太く

線の色を設定し、線幅を太くする。

STEP 5

角の形状の比率を小さくする

線パネルの角の形状の比率を2～4程度に下げて完成。 ヒント

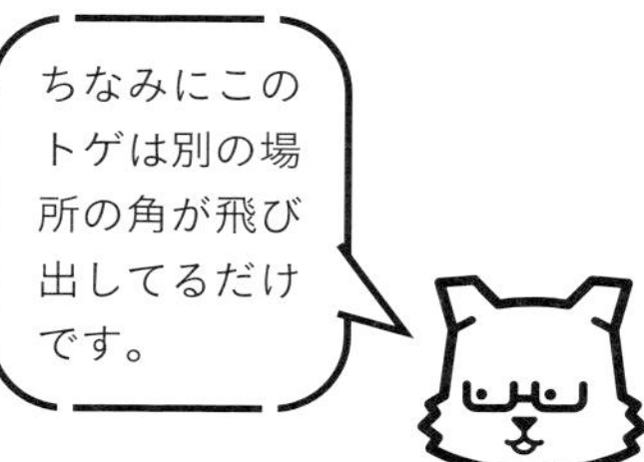

ちなみにこのトゲは別の場所の角が飛び出してるだけです。

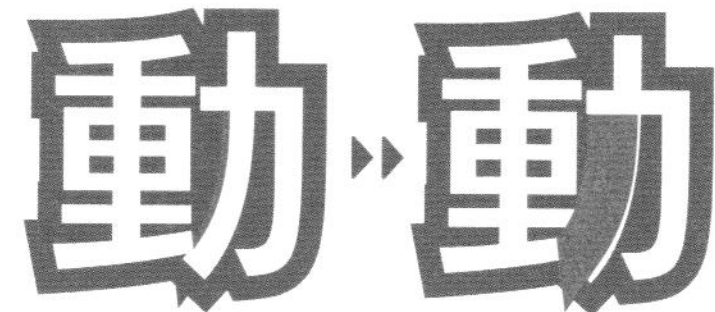

ヒント

角の形状の「比率」

「比率」は角の形状がデフォルトの「マイター結合」の時のみ使用できる設定です。マイター結合は実は一定以上鋭い角のみ自動的に「ベベル結合（角の形状の右の設定）」に変更される仕様になっています。その切り替えの鋭さの基準が「比率」です。

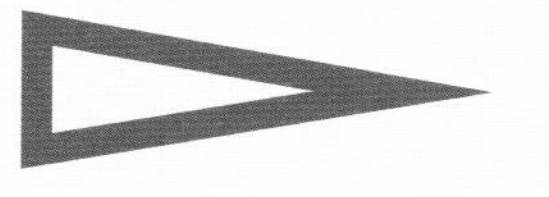

「比率」10

「比率」2

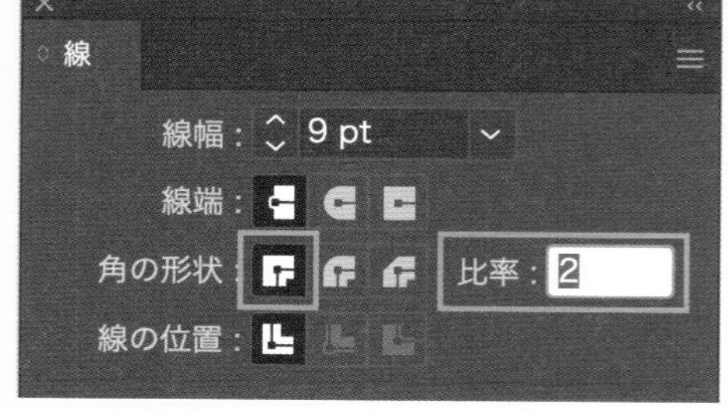

塗りと線をなしにする理由

前ページの手順2〜3のように、文字を加工するアピアランス技では最初に色をなしにする工程が多いです。その意味を解説していきます。

「文字」と「テキスト」

文字の塗りや線は「文字」という特殊なアピアランス属性で、1文字ずつ個別に設定されており、文字をまとめて1つのオブジェクトとして選択した場合は「テキスト」という属性になります。「文字」の塗りや線は「テキスト」の中に内蔵され、文字を個別に選択するか、パネル上の「文字」をダブルクリックしないと表示されません。

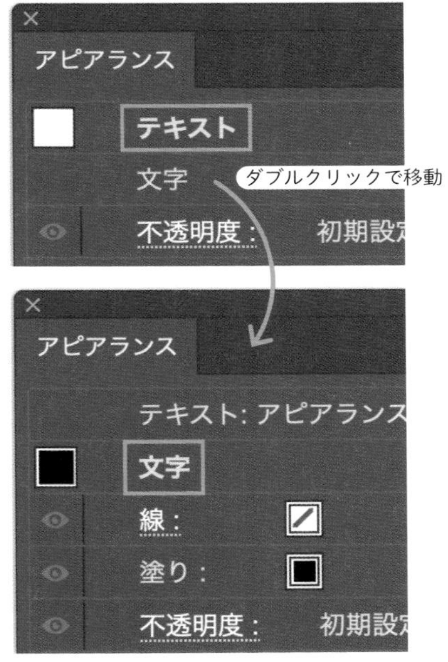

アピアランスパネルから見えない問題

「文字」は「テキスト」の塗りと重なって見えなくなった際に、パネルから見えないため気付かずに背面に残り、印刷事故の原因になる場合もあります。管理をしやすくするため、そして思わぬ事故を防ぐために最初の塗りをなしにしています。

「文字」「テキスト」の使い分け

「文字」アピアランスのメリットは、文字ごとに塗りや線を設定できることです。デメリットは、色と不透明度以外の設定ができないことです。効果を適用したり、塗りを増やしたりはできません。対して「テキスト」は通常のアピアランスと同様に編集できる他、「文字」では使えないグラデーションを適用することもできます。目的に応じて使い分けてください。

RECIPE

37

影付きロゴ

LOGO

効果パスファインダー は 効果 変形 の「コピー」と組み合わせて初めて真価を発揮すると言っても過言ではありません。

動画でも解説！

文字を用意

作例はAdobe Fontsの Bebas Neue Bold の 250pt 。

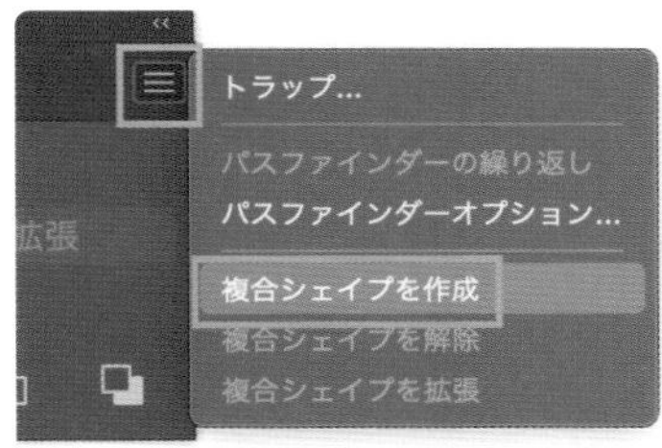

複合シェイプを作成

パスファインダーパネルの右上のメニューから複合シェイプを作成。

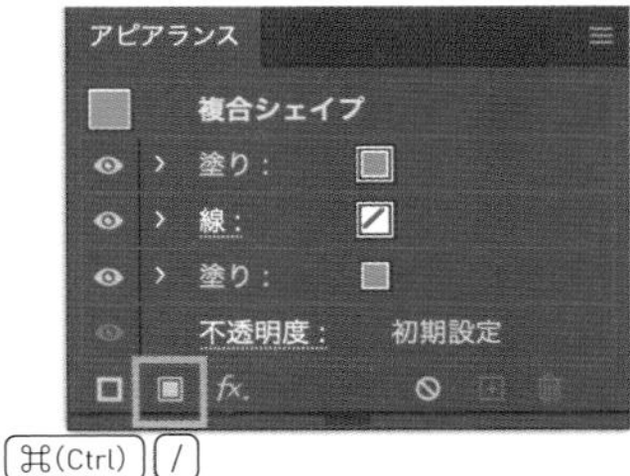

新規塗りを追加

アピアランスパネルで新規塗りを追加する。

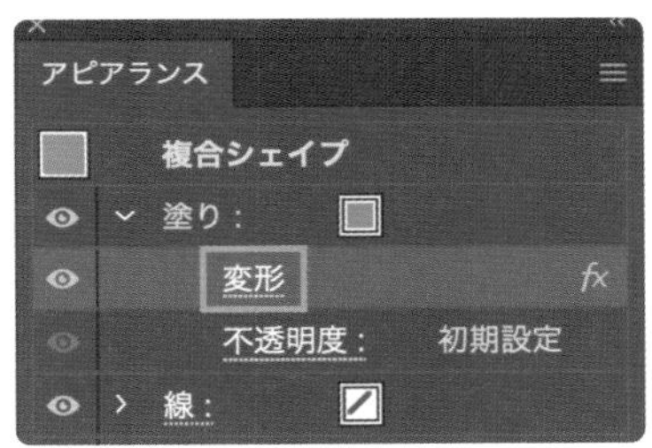

塗りに 効果 変形 を適用

片方の塗りを選択し、**効果＞パスの変形＞変形** を適用。

NEXT

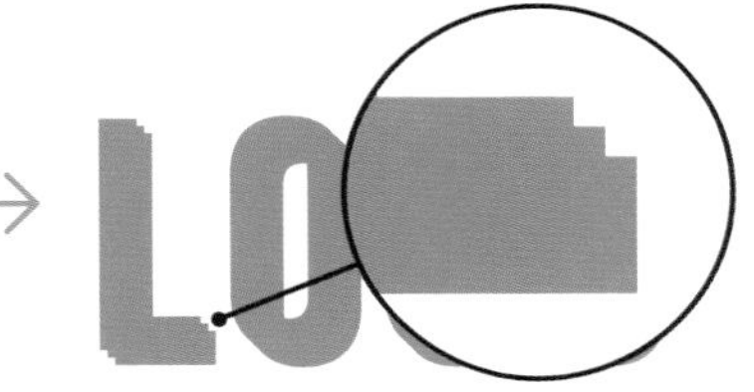

右下に移動しコピーを2に

移動を両方小さなプラスの数値に、コピーを2にする。ヒント

効果 変形のコピー

コピーが1の場合、元のオブジェクトはそのまま残し、変形したコピーが1つ作成されます。数字が増えるごとに変形したコピーが増えていきます。

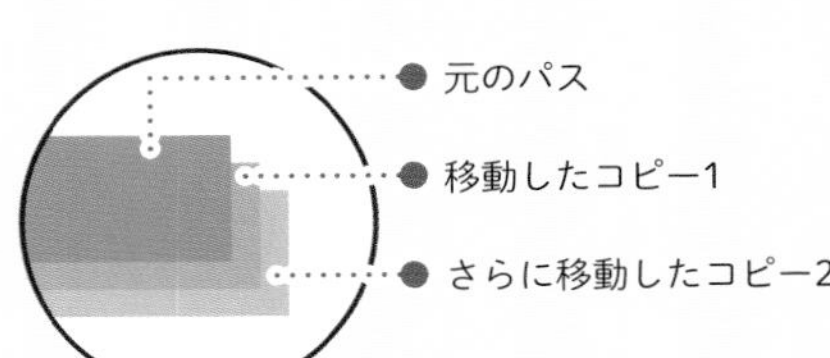

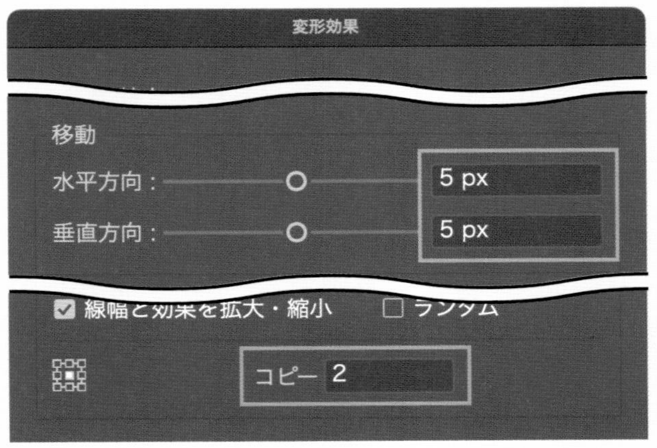

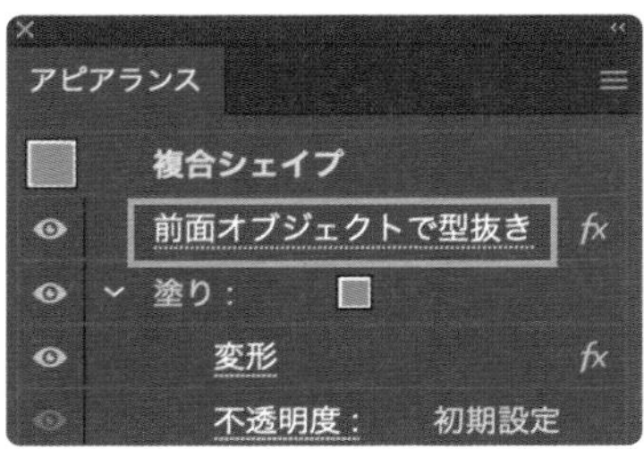

効果 前面オブジェクトで型抜き

効果＞パスファインダー＞前面オブジェクトで型抜き を適用。

STEP 7

LOGO

前面〜を変形の下に移動

「前面オブジェクトで型抜き」を「変形」の下に移動して完成。ヒント

効果を適用した塗りが影（右図の赤い部分）になり、効果がない塗りが文字本体になります。

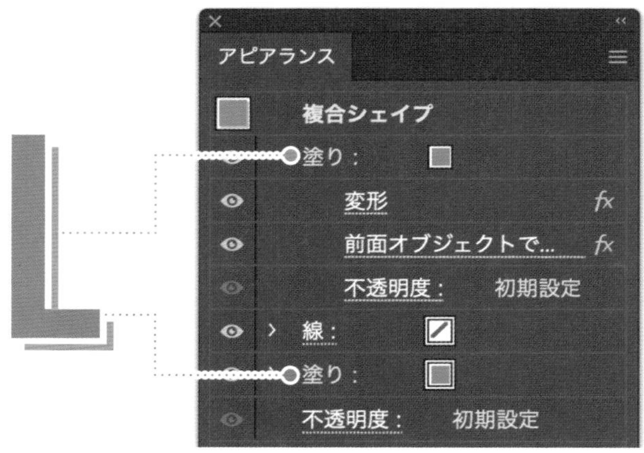

ヒント

前面オブジェクトで型抜き

前面オブジェクトで型抜きは「一番背面にあるパス」のみを残し、「それより手前にあるパスと重なっている部分」は削除するパスファインダーです。
効果 変形 のコピーを適用した場合、オリジナルのパスが最前面で、コピーはだんだんと背面にコピーされていきます。一番最後にコピーされたパスが最背面になり、その部分だけが残って右の結果になります。

複合シェイプを作成

手順 2で使用した「複合シェイプを作成」は、効果 前面オブジェクトで型抜きを使用する際に必要な下準備です。その仕組みを解説します。

「複合シェイプを作成」しなかった場合

右図のように一番最初の文字にのみ影がつきます。「前面オブジェクトで型抜き」は最背面のパスを残し、それ以外のパスと重なっている部分は削除するパスファインダーです。文字は1文字で1つのパスとして扱われるので、最背面にある「L」のみが残り、それ以外の文字は削除されてしまいます。

「複合シェイプを作成」した場合

文字を複合シェイプに変換した場合、全ての文字で1つのパスとして扱われます。全ての文字が最背面になるので、パスファインダーが全ての文字に適用されるようになります。

どんな場面で使用するの？

もちろん常に必要な訳ではなく「前面オブジェクトで型抜き」「背面オブジェクトで型抜き」「切り抜き」といった重ね順が影響する場合や、「交差」のように2つのオブジェクトにしか適用できない場合に必要になります。本書では「ロボットアニメ風ロゴ（p.178）」「落とし穴ロゴ（p.182）」。前作『イラレのスゴ技』では「型抜き文字」などで使用します。

ロボットアニメ風ロゴ

落とし穴ロゴ

RECIPE
38
ノミフォント

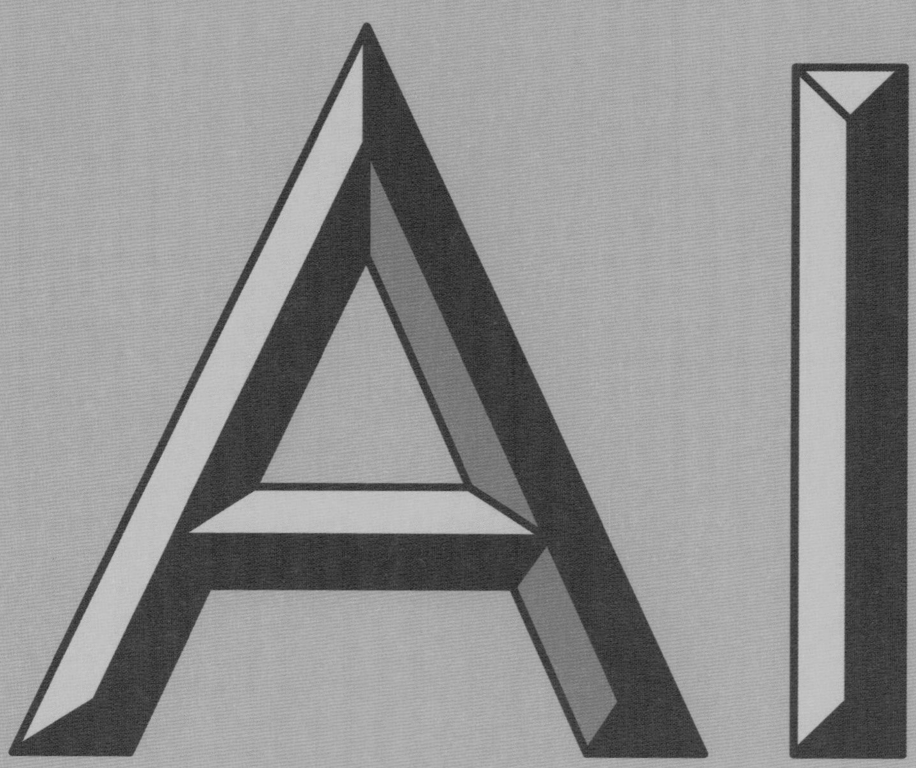

クラシックと比べて 効果 3Dとマテリアル は「ベベル」 がめちゃくちゃ綺麗になりました。早速活用して今までできなかった表現を作りましょう。

動画でも解説！

文字を用意

作例はAdobe Fontsの Futura PT の Medium。

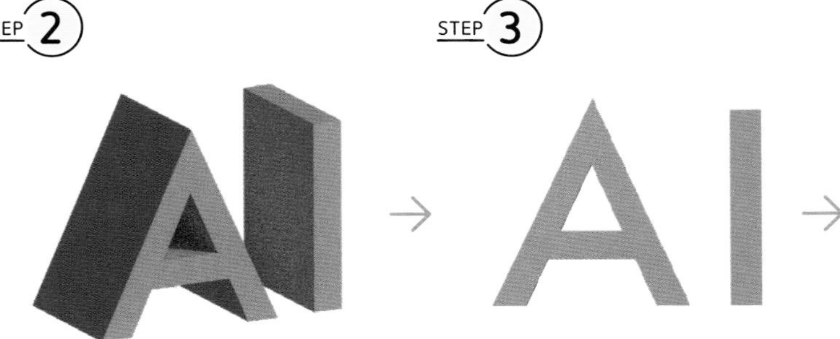

効果 押し出しとベベル

効果＞3Dとマテリアル＞押し出しとベベル を適用。

※旧バージョンは対応していません。

回転を「前面」に

回転をプリセットから「前面」に変更。 ヒント

NEXT➜

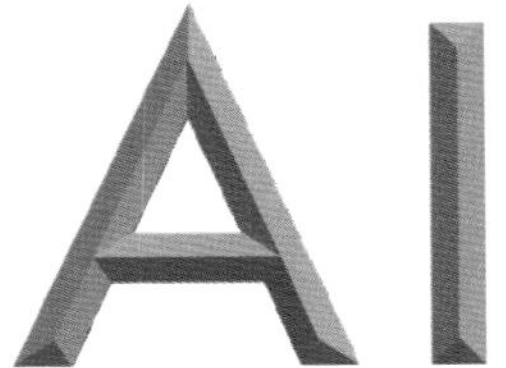

ベベルをオンに、幅を100%に

ベベルをオンに設定し、幅を100%に設定する。 ヒント

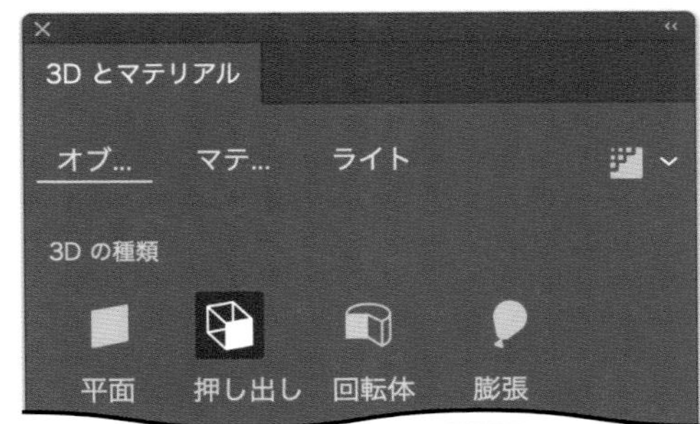

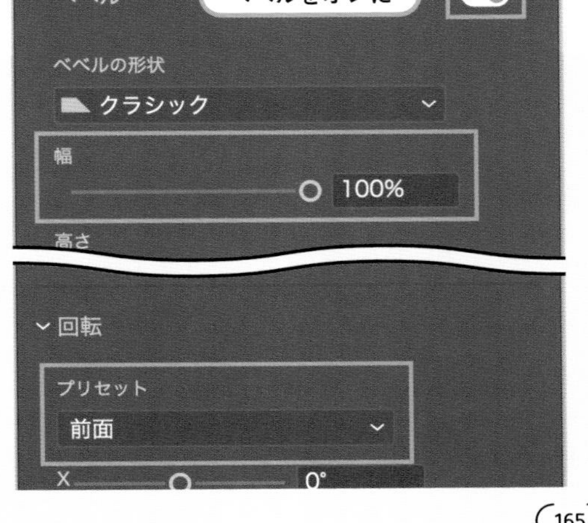

ヒント

3Dとマテリアルの設定

ここまで扱ってきた3D（クラシック）とは異なり、3Dとマテリアルという独自のパネルで設定します。旧3Dではベベルを過剰に適用するとすぐに形が崩れてしまったのですが、新3Dでは最大までベベルを適用しても綺麗に中心で山ができます。

STEP 5

ベクターとしてレンダリング

右上から「ベクターとして〜」をオンにしてレンダリング。ヒント

STEP 6

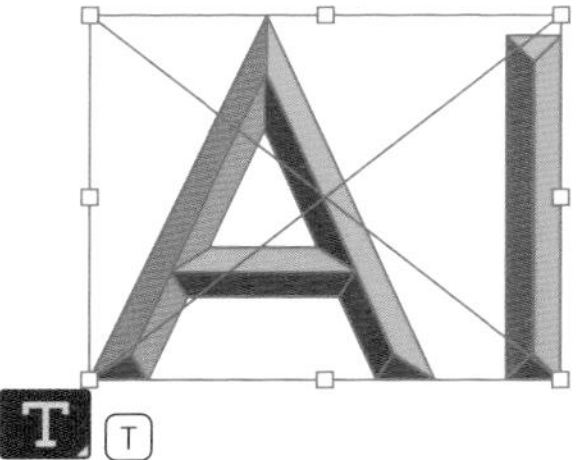

アピアランスを分割

オブジェクト＞アピアランスを分割を適用。

STEP 7

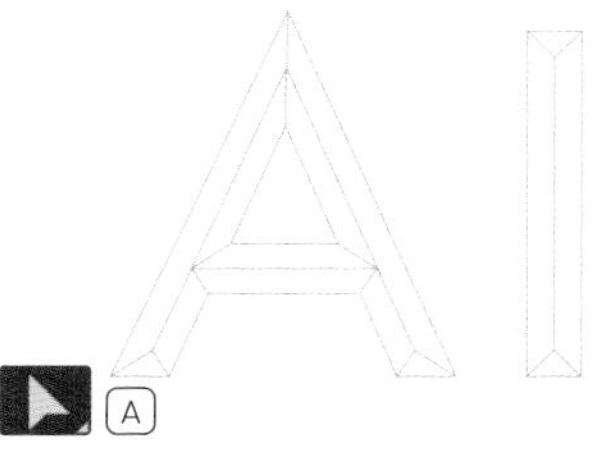

画像を削除

ダイレクト選択ツールで画像部分だけを選択して削除。

STEP 8 NEXT

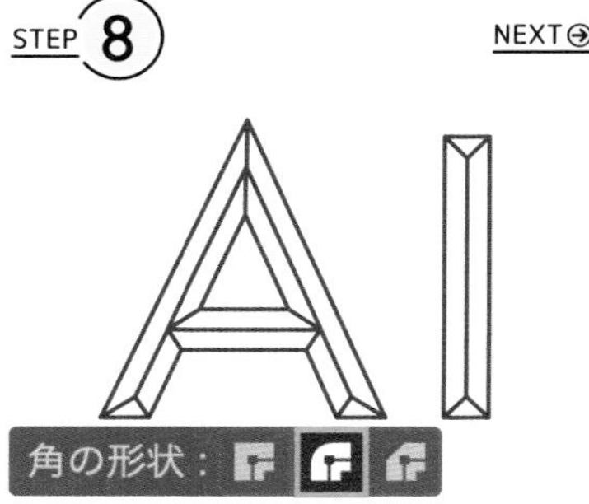

線を整える

線幅と線の色を整え、角の形状をラウンド結合に。

レンダリング設定

3Dとマテリアルは処理を軽くするために簡易プレビューになっており、右上のレイトレーシングをオンにするとリアルな質感にできます。が、今回は関係なく、レイトレーシングの右にある下矢印ボタンから「ベクターとしてレンダリング」をオンにして「レンダリング」をクリックしてください。これで3Dモデルからパスを抽出できます。

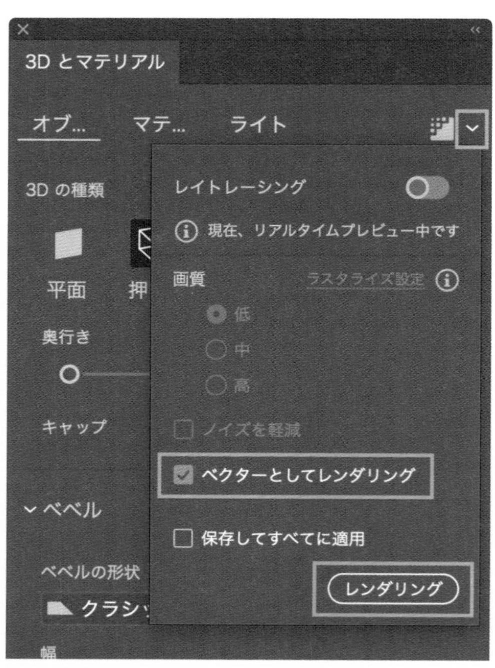

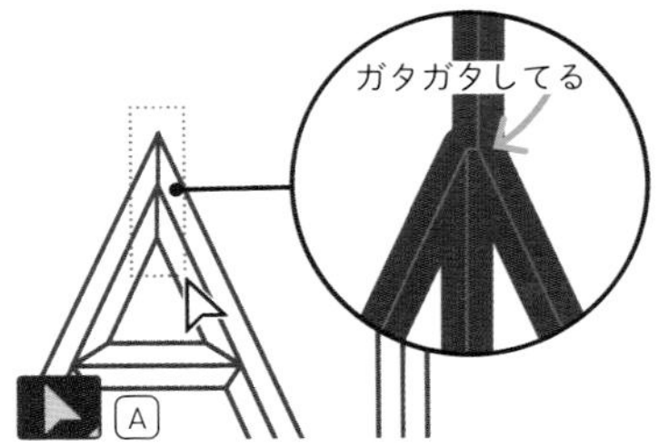

縦でずれている部分を選択

ダイレクト選択ツールで縦方向のアンカーがずれている部分を選択。

STEP 10

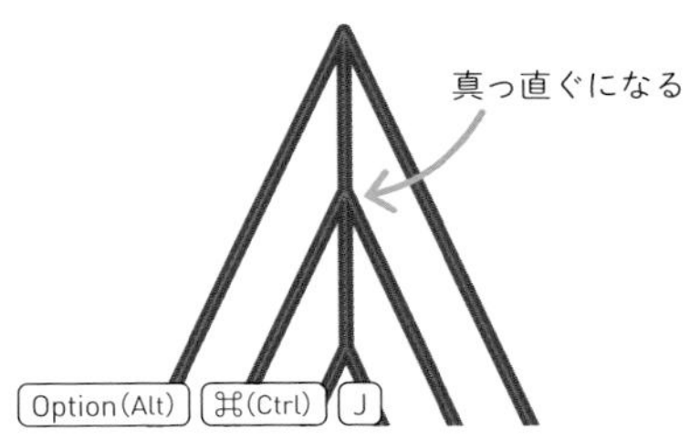

垂直方向で平均を適用

オブジェクト＞パス＞平均 を適用。垂直軸で揃える。 ヒント

STEP 11

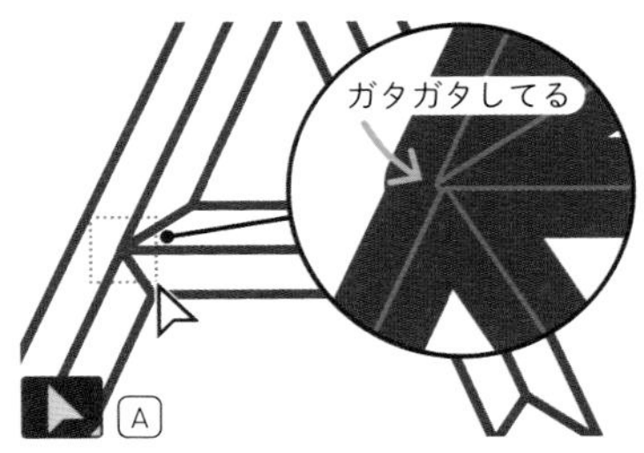

縦横両方ずれてる部分を選択

同様に、縦横両方でずれているアンカーを選択。

STEP 12

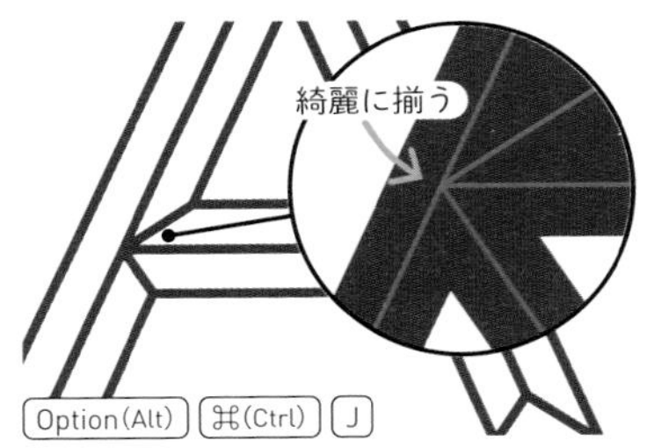

2軸ともで平均を適用

オブジェクト＞パス＞平均 を適用。2軸ともで揃える。 ヒント

STEP 13

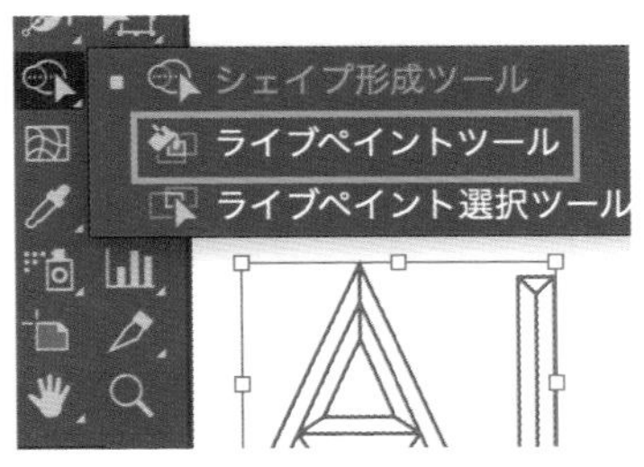

ライブペイントツールに切替

オブジェクトを選択したまま、ライブペイントツールに切り替える。

STEP 14

ライブペイントはp.135を参照

ライブペイントで着色

塗りの色を選択し、塗りたい部分をクリックして着色して完成。

ヒント

平均

選択したアンカーポイントを、指定した方向の中間地点に集める機能です。ショートカットを覚えて手早く整えていきましょう。

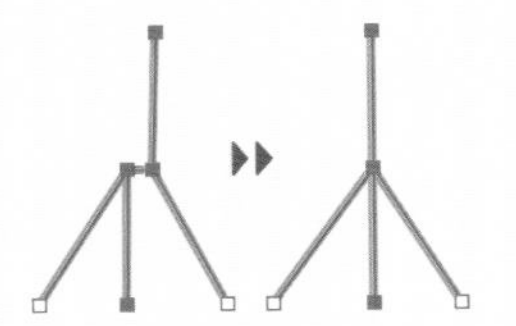

垂直軸の場合

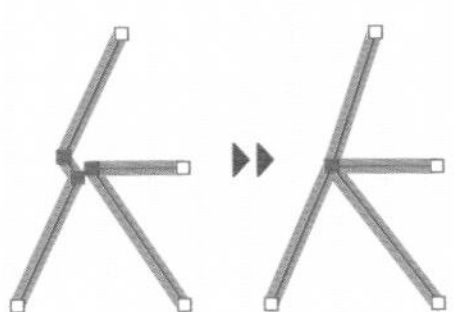

2軸ともの場合

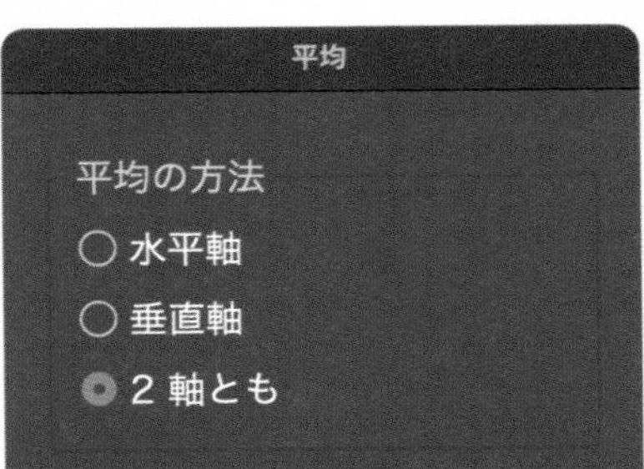

イラレ職人への道！

新効果3Dで進化したベベル

3Dの角の形状を変化させるベベルは旧効果 3Dにもありましたが、リニューアルでより美しく使いやすい機能に進化しました。（新旧の比較はp.55参照）

進化したベベル

旧効果3Dのベベルは数値を大きくすると表示が崩れがちで、中心で綺麗に揃えることも難しい仕様でした。新しくなった効果 3Dとマテリアル では、複雑な形状のパスでも「幅」を100%にすれば綺麗に中心で山を作ることができます。表示の崩れも改善されて安定し、以前は無かった「繰り返し」や「内側にベベル」「両側をベベル」も追加されています。リアルになっただけではなく、より幅広い形状も表現できるようになりました。

複雑な形状のフォントでも綺麗にベベルを表現

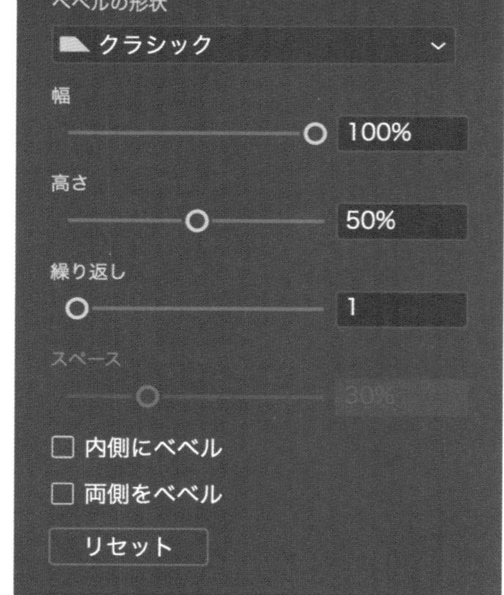

ちなみにグレーアウトしている「スペース」は、「繰り返し」を2以上にした際に使用する設定です。

RECIPE

39

ネオン文字

Neon

破線は設定次第で不規則に一部が欠けた線も表現できます。実はかなり奥深く幅広い使い方ができる機能なんです。

動画でも解説！

STEP 1

文字を用意

作例は Adobe Fonts の Fairwater Script Bold の 200 pt。

STEP 2

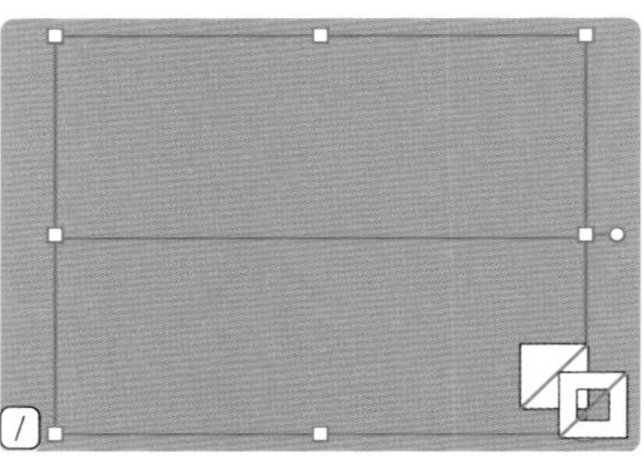

塗りの色を一度なしに

文字の塗りと線の色を一度なしの状態に。

STEP 3

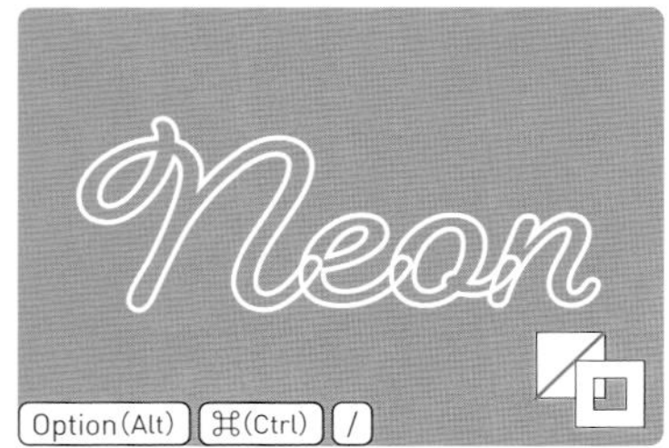

新規線を追加し線幅を整える

アピアランスパネルで新規線を追加し、線の色を白に。線幅を整える。

STEP 4

効果＞パスファインダー＞追加

アピアランスパネルで「テキスト」を選択してから適用。

STEP 5

線端と角の形状を丸く

線端を丸型線端に、角の形状をラウンド結合に。ヒント

STEP 6

NEXT

不規則な長さの破線にする

下図のように破線を設定し、線分と間隔の正確な長さを保持。ヒント

破線に複数の数値を入力

破線の数値のうち、最初の30と15は好みで調整しましょう。15の方が線の途切れる部分の隙間の長さになります。点線ボタンは左の「線分と間隔の正確な長さを保持」を選択してください。

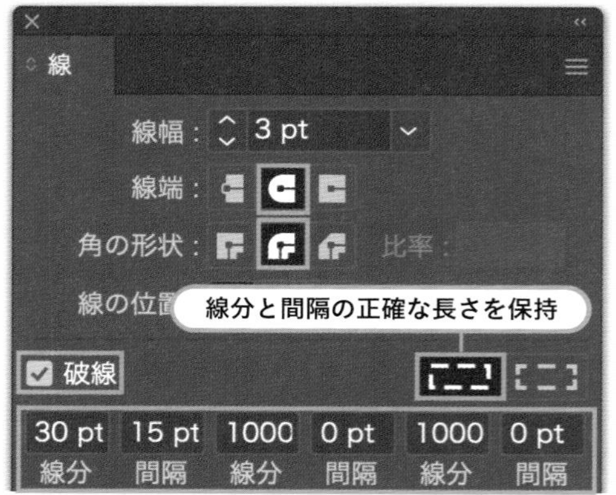

STEP 7

線を複製

破線にした線を Option（Alt）+ ドラッグ で複製。

STEP 8

下の色を変更し線幅を倍に

下の線の色をネオンの色に変更し、線幅を倍にする。

STEP 9

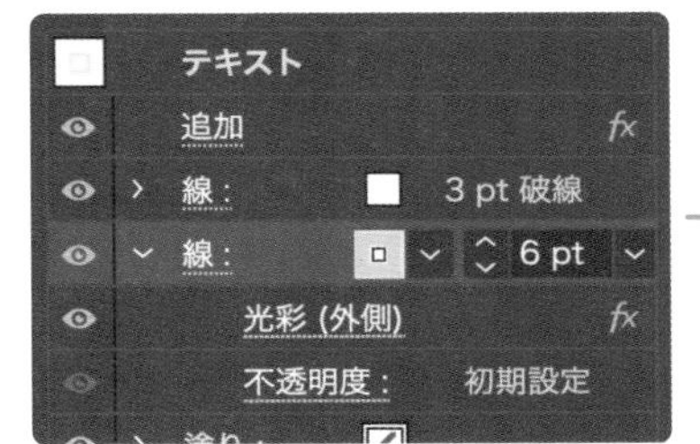

下の線に効果 光彩（外側）

下の線を選択し **効果＞スタイライズ＞光彩（外側）** を適用。

STEP 10

文字の周りを濃いめの光彩に

描画モードを通常、色を黄色、不透明度100%、ぼかし10px。ヒント

STEP 11

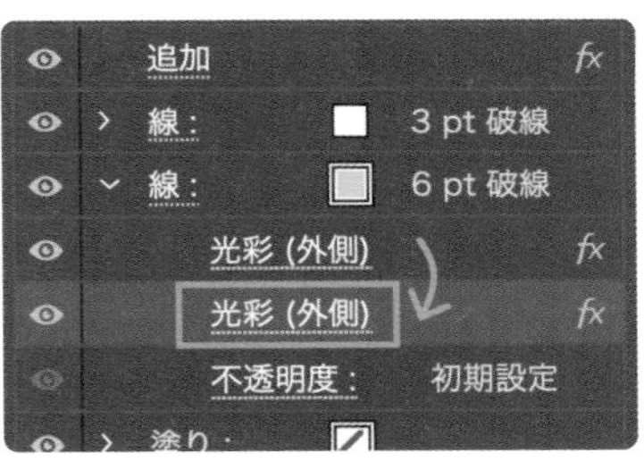

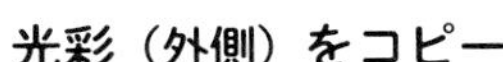

光彩（外側）をコピー

Option（Alt）+ ドラッグ で 効果 光彩（外側）をコピー。

STEP 12

NEXT

下の光彩を薄く広く

下の光彩をクリックし、不透明度を20%、ぼかしを70pxに。ヒント

光彩（外側）

手順9の光彩が文字に近い部分を強めに照らすもので、手順11で下にコピーする光彩が文字から遠い部分を淡く照らすものです。

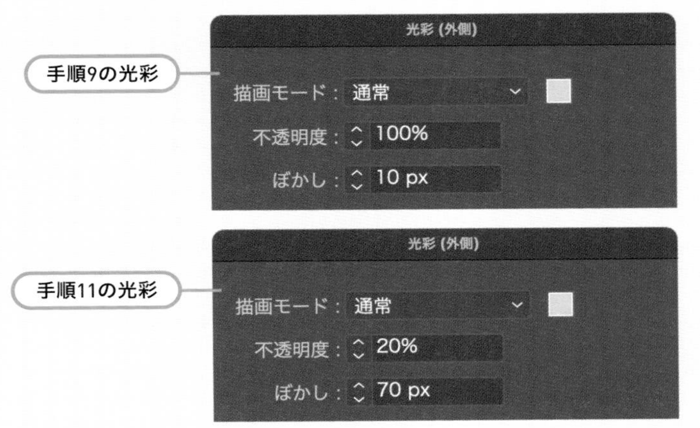

STEP 13

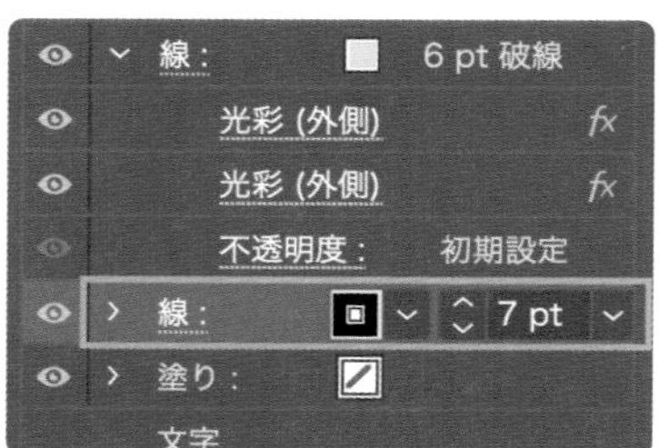

下に黒い新規線を追加

新規線を追加し、色を黒に。ネオン色の線の下に配置し、少し太く。

STEP 14

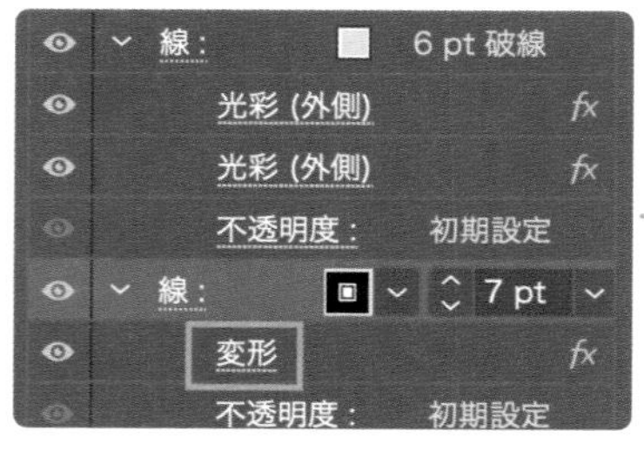

下の線に 効果 変形 を適用

黒い線を選択し、**効果＞パスの変形＞変形** を適用。

STEP 15

黒い線を右下に移動

移動の水平方向と垂直方向にプラスを数値を入力して右下に移動。

STEP 16

黒い線の不透明度を調整

描画モードを乗算に、不透明度を下げて完成。ヒント

黒い線の不透明度

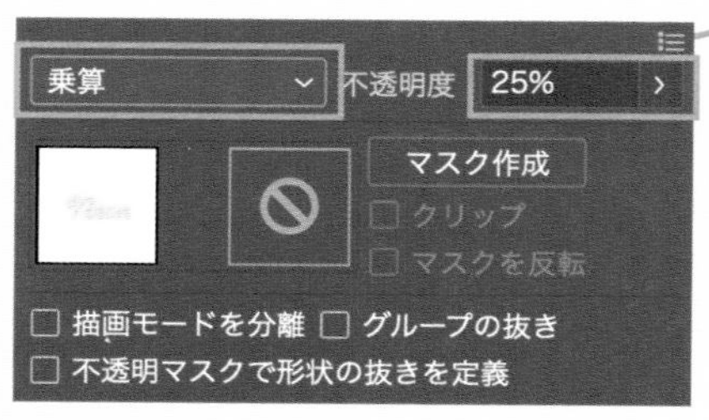

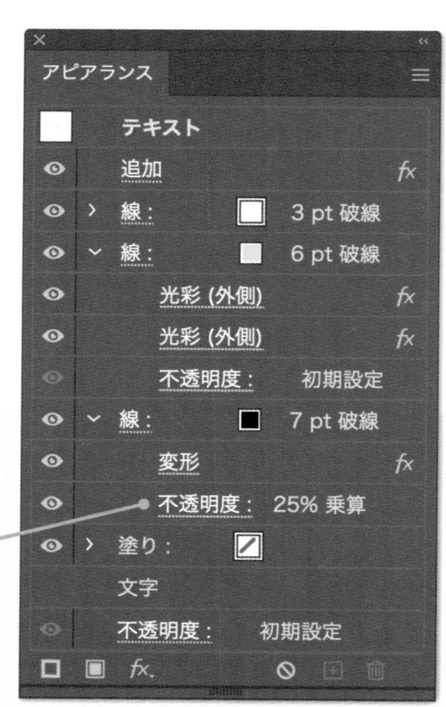

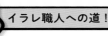

破線で不規則な区切れを表現する

手順6では破線の設定で、ランダム(のように見える)に途切れる線を表現しました。その仕組みと応用について解説します。

破線の線分と間隔の仕組み

破線には線分と間隔（基礎はp.38参照）が3セット並んでいます。最初の線分だけ入力した場合は間隔も同じ数値として扱われ、2セット目以降が入力された場合、左から順に破線に適用されてまた最初に戻る繰り返しになります。

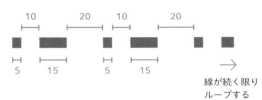

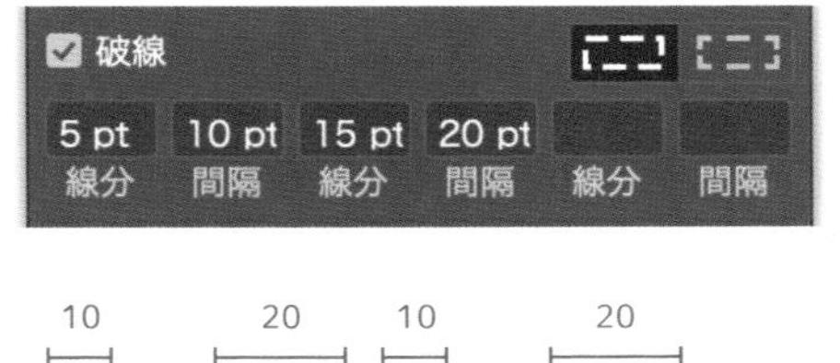

不規則な区切れに見せる

線分と間隔は3セットあるので、それぞれバラバラの数値を入力してループさせると、擬似的にランダムな破線のように見せることができます。

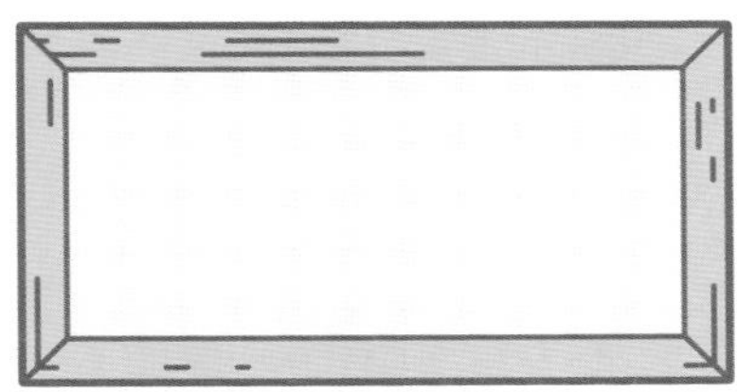

枠の内側の木目が破線でできています

数カ所にだけ区切りを入れる

一部の線分を極端に大きくすることで、線の中の数カ所にだけ区切りを入れることも可能です。ただし破線の数値は1000が上限のため、1000ptの線分2つの間に0ptの間隔を挟み、擬似的に2000ptの線分を作っています。

RECIPE

40 アメコミ風文字

効果 3Dとマテリアルは気軽に使うには少々ヘビーです。簡単な立体表現であれば 効果 変形 で代用もできます。

動画でも解説！

STEP 1

文字を用意

作例は Adobe Fonts の Marvin Regular の 100 pt。

STEP 2

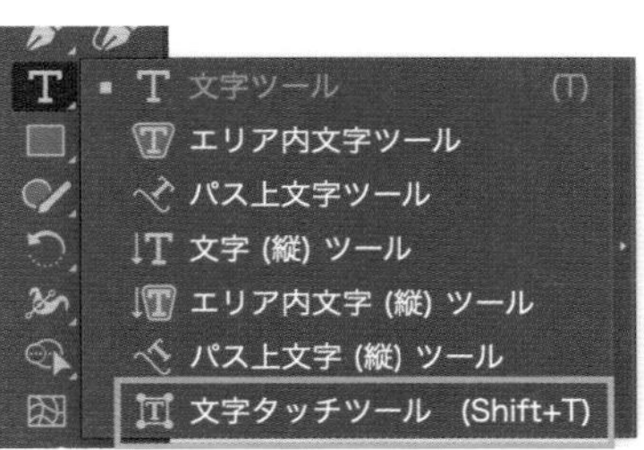

文字タッチツールに切替

文字ツールを長押しし、文字タッチツールに切り替え。

STEP 3

Shift T

文字ごとに変形

文字タッチツールで1文字ずつ大きさや角度を整える。ヒント

STEP 4 NEXT

※今回は元々の塗りはなしにしない！

Option (Alt) ⌘(Ctrl) /

新規線を追加し色を変更

アピアランスパネルで新規線を追加し、線の色を変更。

STEP 5

角の形状：

線幅を整え、ラウンド結合に

線パネルから線幅を整え、角の形状をラウンド結合に。

STEP 6 NEXT

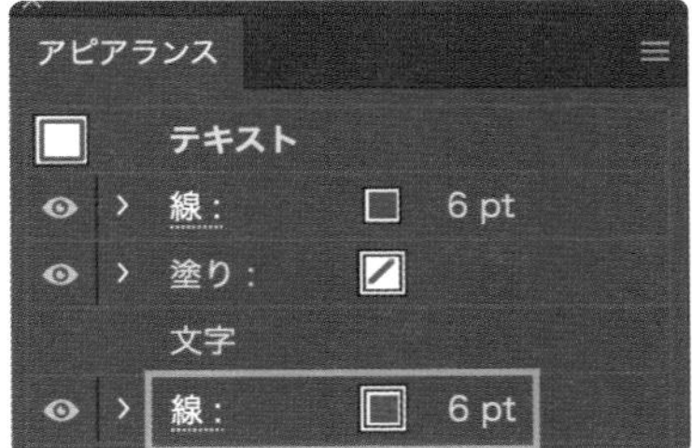

線を追加し「文字」の下に

さらに新規線を追加し、「文字」の下にドラッグで移動。

ヒント

文字タッチツール

文字ごとに大きさや角度、位置を編集できるツールで、文字をアウトライン化せずに自由なレイアウトを作成できます。編集したい文字をクリックし、周囲に表示される丸印を操作してください。

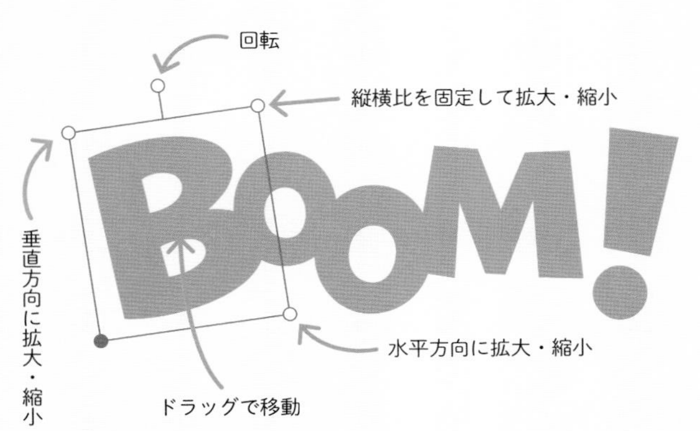

STEP 7

効果 刈り込み を適用

上の線を選択し**効果＞パスファインダー＞刈り込み** を適用。

STEP 8

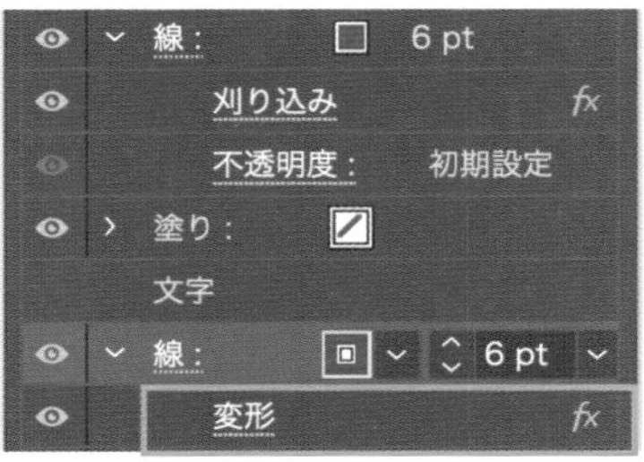

下の線に 効果 変形 を適用

下の線を選択し**効果＞パスの変形＞変形** を適用。

STEP 9

移動してコピーを繰り返す

移動に小さな数値を入力し、コピーの数値を増やして完成。 ヒント

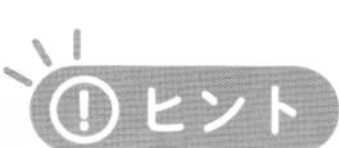

疑似的に立体に見せる

右下にほんのわずかに移動コピーし、それを繰り返すことで立体っぽく見せています。

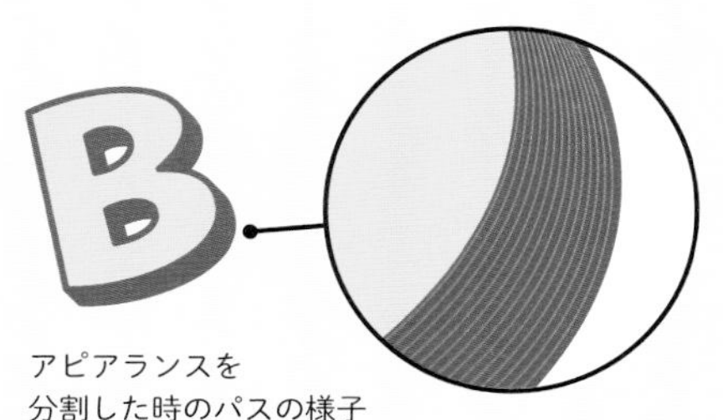

アピアランスを
分割した時のパスの様子

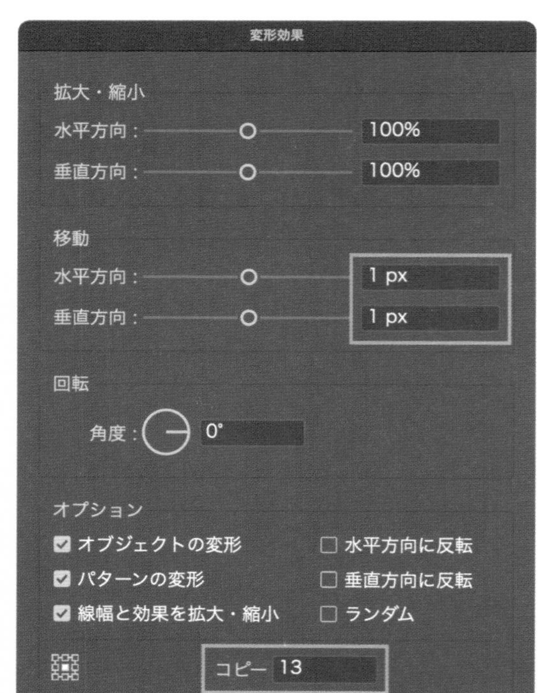

応用 パターンを適用しよう

前ページのレシピは一番シンプルな状態のレシピです。既存のパターンを活用して、もっとにぎやかなアメコミ文字を作ってみましょう。

ドットパターンの用意

スウォッチパネル左下のスウォッチライブラリメニューから パターン＞ベーシック＞点 を開いてください。その中の一番最後にある「大きさが変化する点（小）」をクリック。スウォッチパネルにコピーされたパターンをダブルクリックし、点線の色をアメコミタイトルの線と同じ色に変更。これでパターンの用意は完了です。（パターンの編集はp.67参照）

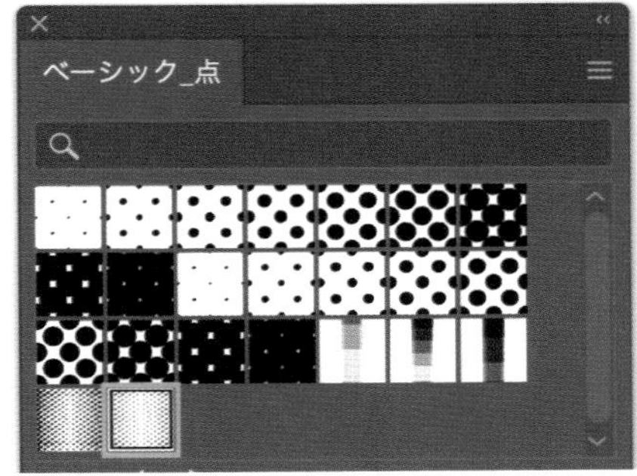

「テキスト」の塗りにパターンを適用

前ページで作成したアメコミタイトルを選択し、「テキスト」の階層にある塗りにパターンを適用。塗りを選択し、p.97を参考に回転や拡大・縮小で見た目を整えて完成です。

余談ですが「文字」の中の黄色の塗りをパターンにすると、効果 刈り込み がなぜか機能しなくなります。なので黄色の塗りとは別に「テキスト」階層の塗りにパターンを適用してください。

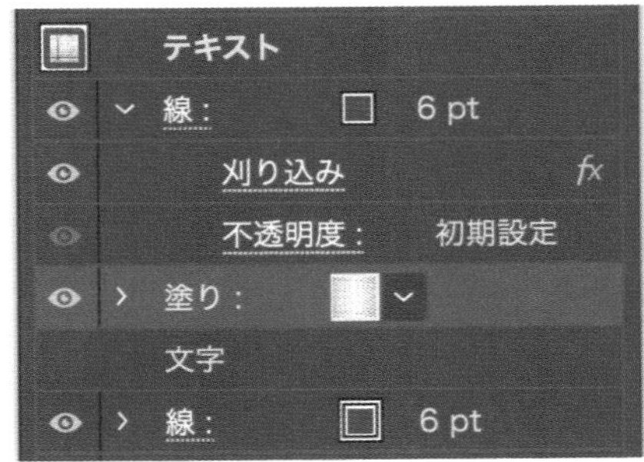

RECIPE

41

ロボットアニメ風ロゴ

白い光沢が地味に良い仕事をしてます。効果 パスファインダー を駆使して、イラスト的立体表現を再現しましょう。

動画でも解説！

文字を用意

作例は Adobe Fonts の ABカントリーロード の 200 pt。

STEP 2

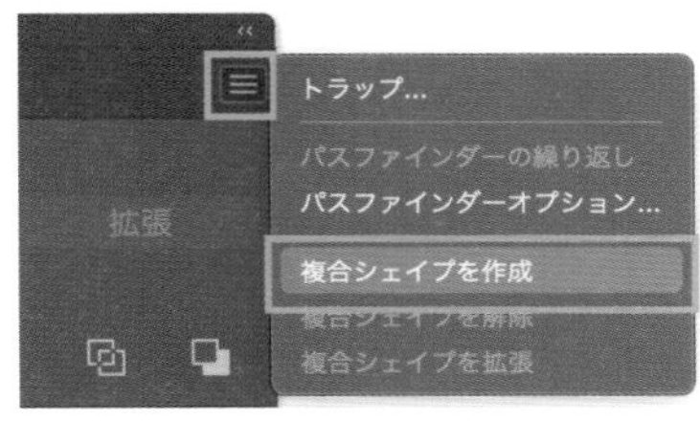

複合シェイプを作成

選択し、パスファインダーパネル右上から複合シェイプを作成。

STEP 3

効果 ワープで垂直方向を変形

効果>ワープ>円弧 をカーブ 0、変形の垂直方向を 8% 程度に。

STEP 4

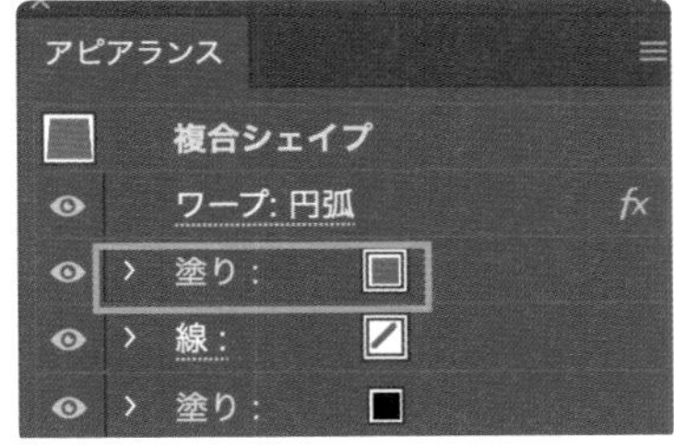

新規塗りを追加して色を赤に

アピアランスパネルで新規塗りを追加し、上の塗りの色を赤に。

STEP 5

NEXT

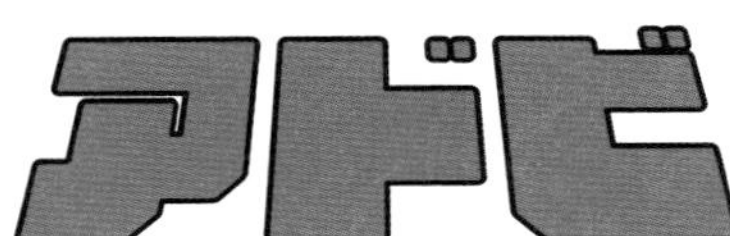

輪郭の線のような見た目になるように

黒に 効果 パスのオフセット

黒い塗りを選択し**効果>パス>パスのオフセット** をプラスの数値に。

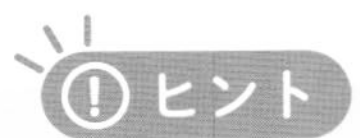

ワープの変形

ワープの機能の1つで、オブジェクトを台形のように変形します。

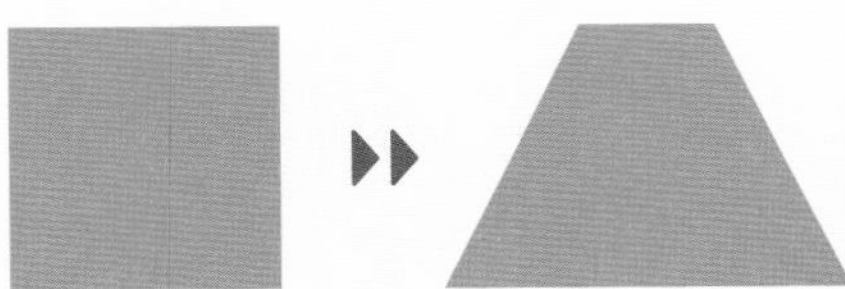

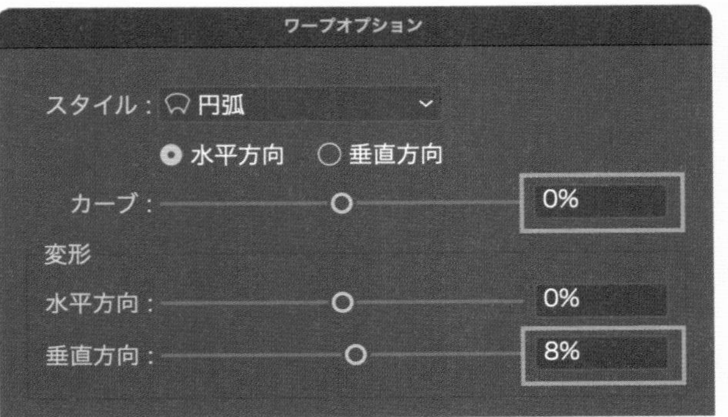

STEP 6

STEP 7

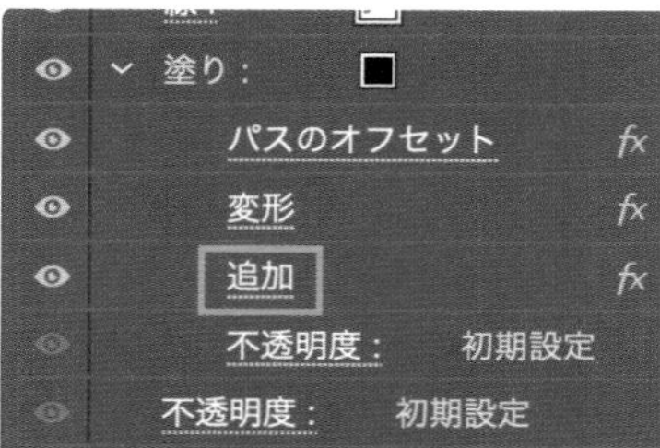

STEP 8

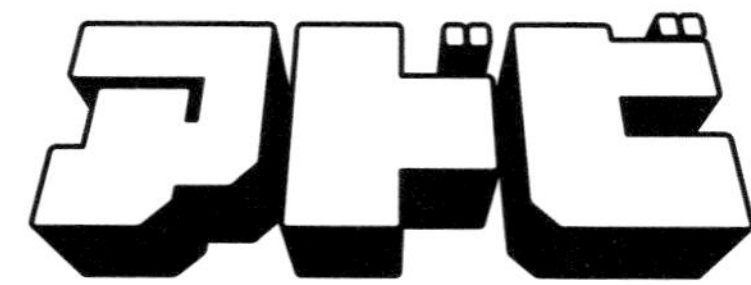

NEXT

効果＞パスの変形＞変形

99.5%ずつ縮小し、下に少しだけ移動し、コピーを繰り返す。ヒント

「変形」の下に効果 追加

効果＞パスファインダー＞追加 を適用し、「変形」の下に移動。

新規塗りを追加して色を白に

赤い塗りの上に新規塗りを追加。色を白に。

効果 変形

立体的に見える仕組みはp.154で解説したものと同じです。各種数値の組み合わせによって立体の見た目は変化します。少しずつ調整して好みの形にしてください。

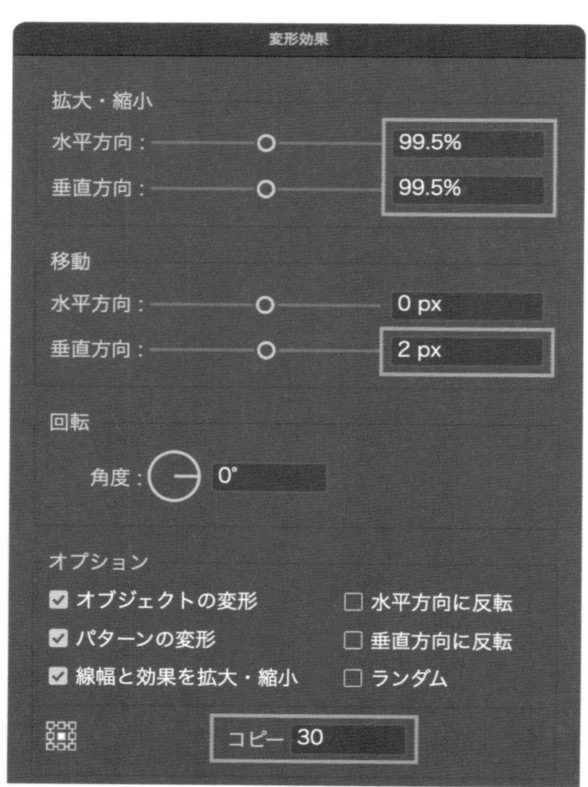

効果 変形 で右下に移動コピー

白い塗りに**効果＞パスの変形＞変形**を右下に移動、コピー1。ヒント

STEP 10

効果 背面オブジェクトで型抜き

効果＞パスファインダー＞背面〜 を白い塗りの最後に適用して完成。

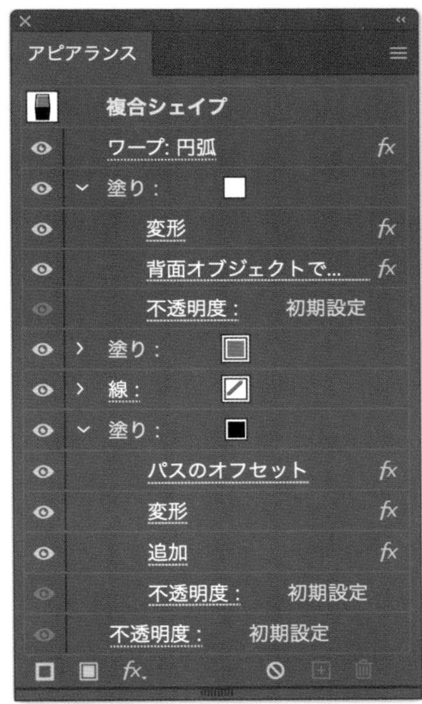

イラスト調の光沢

移動コピーで右下にずらし、元のパスと重なっている部分をパスファインダーで削除していきます。効果3Dとマテリアルでは再現が難しい、イラスト調のパキッとした光沢が描けます。

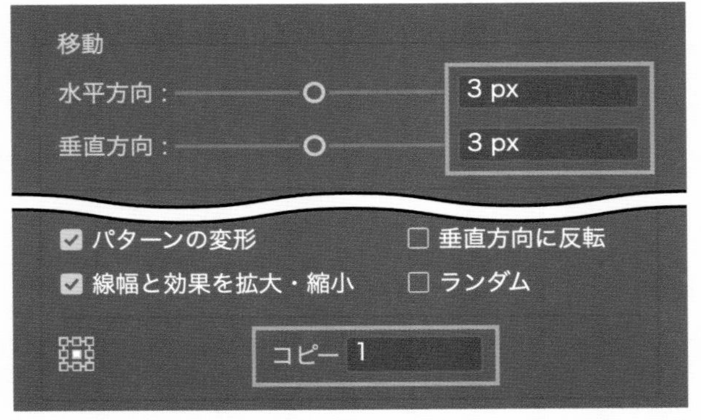

RECIPE

42

落とし穴ロゴ

効果＞パスファインダー＞切り抜き を使いこなすには、アピアランスの構造をきちんと理解することが重要です。

動画でも解説！

STEP 1

文字を用意

作例は Adobe Fonts の Octin College Heavy の 200 pt。

STEP 2

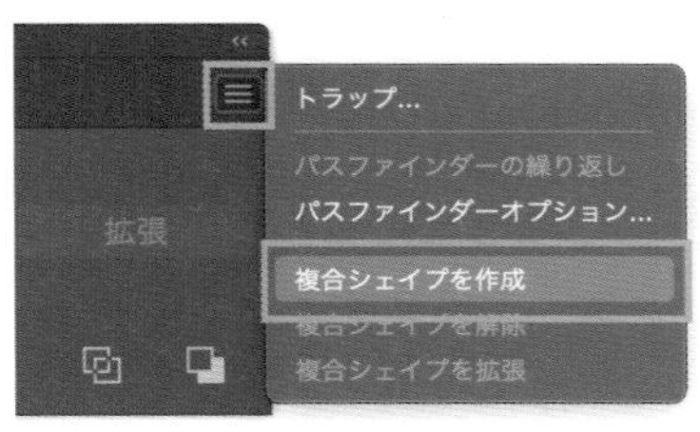

複合シェイプを作成

選択し、パスファインダーパネル右上から複合シェイプを作成。

STEP 3

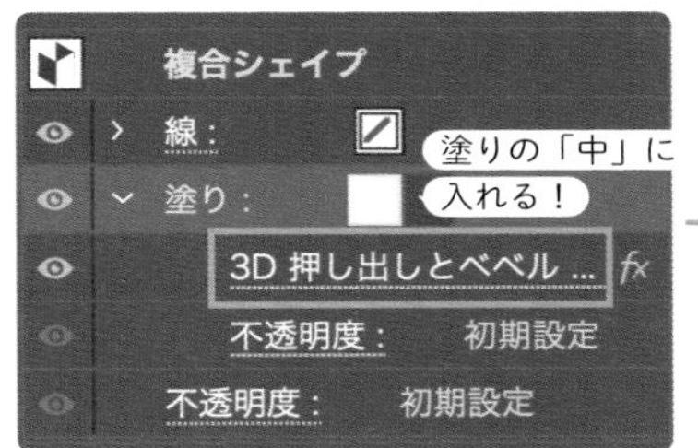

塗りに 押し出しとベベル（旧）

効果＞3D とマテリアル＞3D（クラシック）＞押し出しとベベル（クラシック）

STEP 4

アイソメトリック法-上面 に

位置を「アイソメトリック法-上面」に変更。 ヒント

STEP 5

空洞から背景が見えないように

奥行きを整えフタを空洞に

押し出しの奥行きを大きくし、フタは右側にして空洞に。 ヒント

STEP 6

NEXT

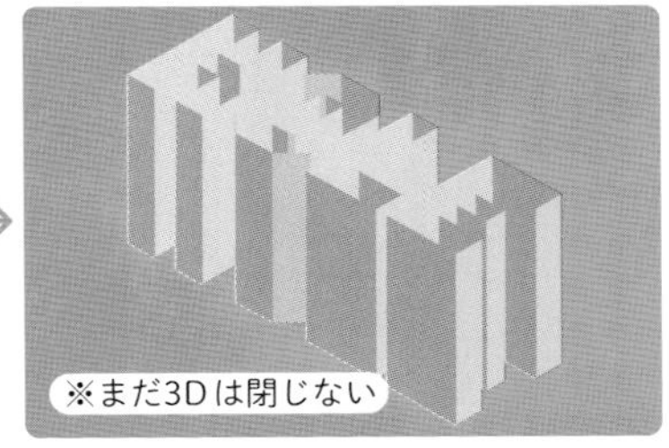

表面を「陰影（艶消し）」に

表面を「陰影（艶消し）」に変更。 ヒント

押し出しとベベル（前半）

「フタ」を右の「側面を開いて空洞にする」に切り替え、空洞の中から背面が見えない程度に奥行きを大きくしてください。

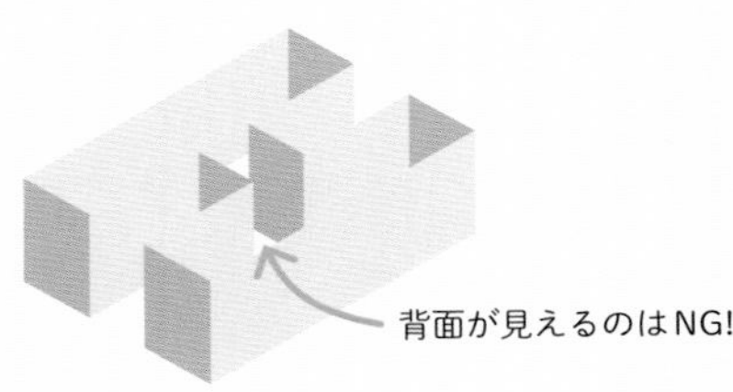

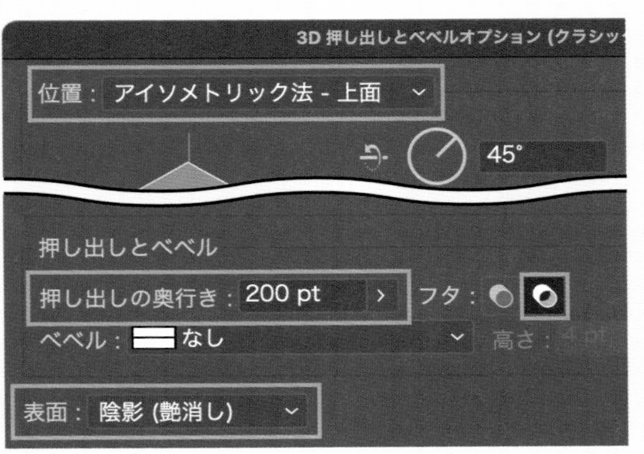

詳細オプションを開く

ダイアログボックス下部にある「詳細オプション」をクリック。ヒント

STEP 8

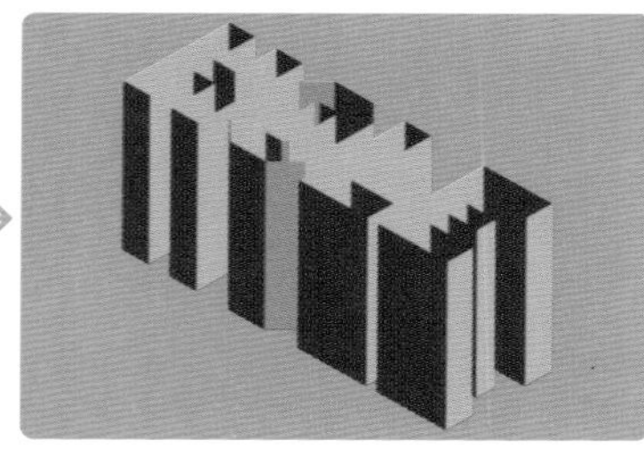

環境光とブレンドの階調を0に

詳細オプション内の環境光を 0% に、ブレンドの階調を 0 に。ヒント

STEP 9

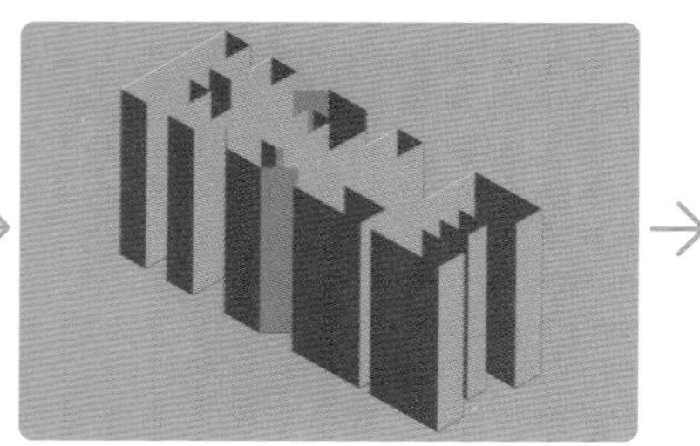

陰影のカラーをカスタムに

陰影のカラーをカスタムに変更し、影の色を設定。ヒント

STEP 10

NEXT

ライトの位置を調整

左の球体上にある白い丸を動かし、ライトの位置を変更。ヒント

ヒント

押し出しとベベル（後半）

ライトを右下に動かし、オブジェクト側面の明るい部分が白に、暗い部分が陰影のカラーに近くなる位置を微調整して見つけてください。

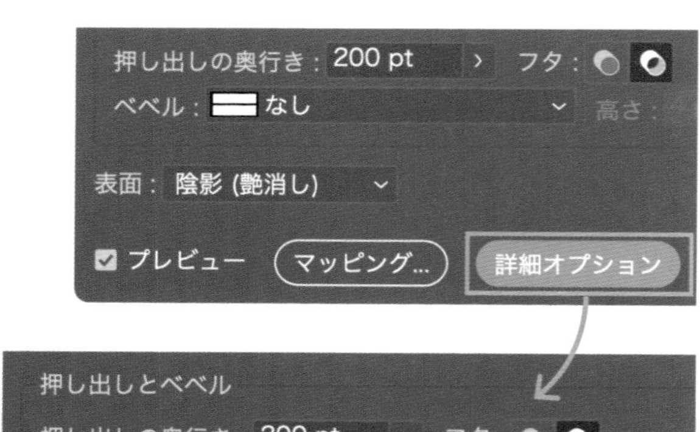

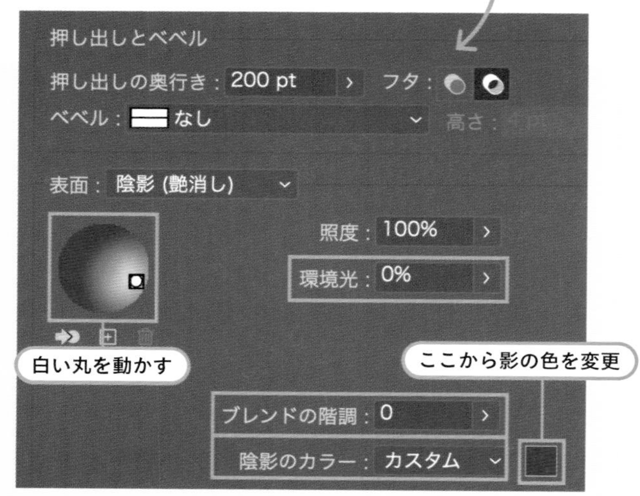

STEP 11

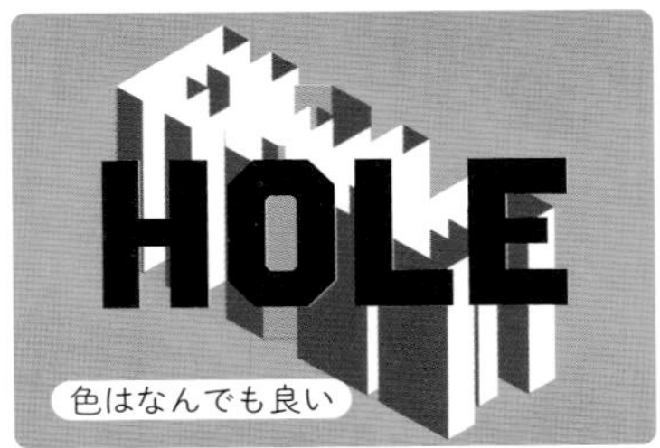

新規塗りを追加

アピアランスパネルで新規塗りを追加し、一番上に配置。

STEP 12

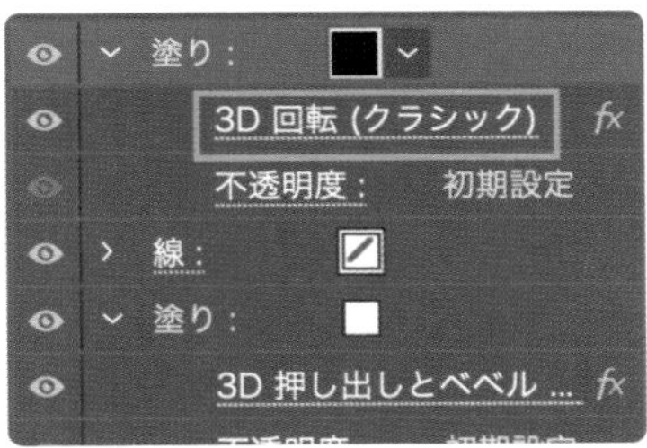

上の塗りに 効果 3D回転（旧）

効果＞3Dとマテリアル＞3D（クラシック）＞回転（クラシック）を適用。

STEP 13

アイソメトリック法-上面 に

位置を「アイソメトリック法-上面」に変更してOKをクリック。

STEP 14

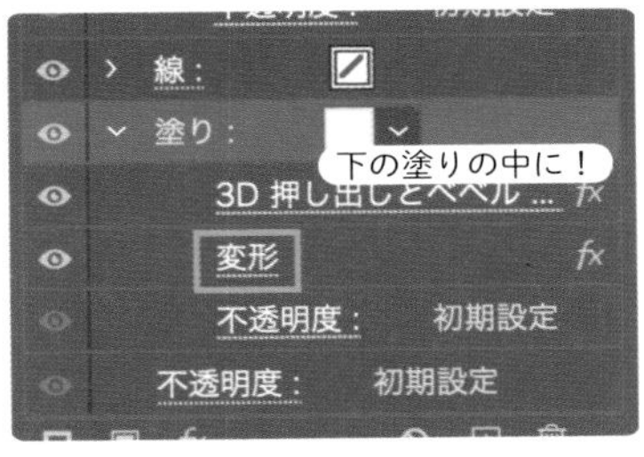

効果 変形 を適用

白い塗りを選択し**効果＞パスの変形＞変形**を適用。

STEP 15

NEXT

黒い塗りと上で位置を揃える

移動の数値を細かく調整し、黒い塗りにピッタリと重ねる。 ヒント

効果 変形

真っ直ぐ整数値で移動させても、下の立体とピッタリ揃うとは限りません。縦横それぞれズレがないように小数点単位で調整してください。

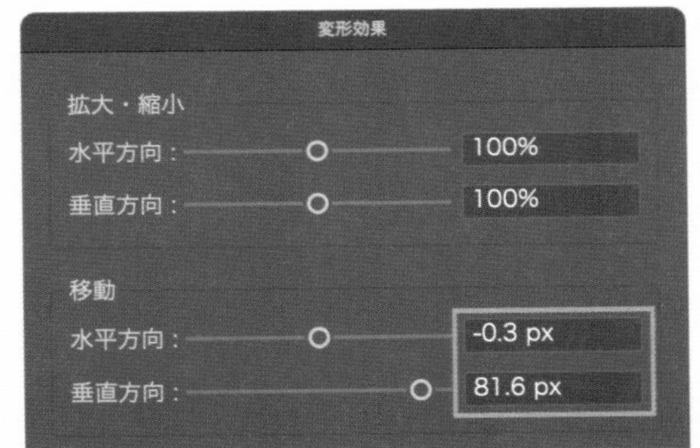

STEP 16

効果 切り抜き を適用

効果＞パスファインダー＞切り抜き を適用。

STEP 17

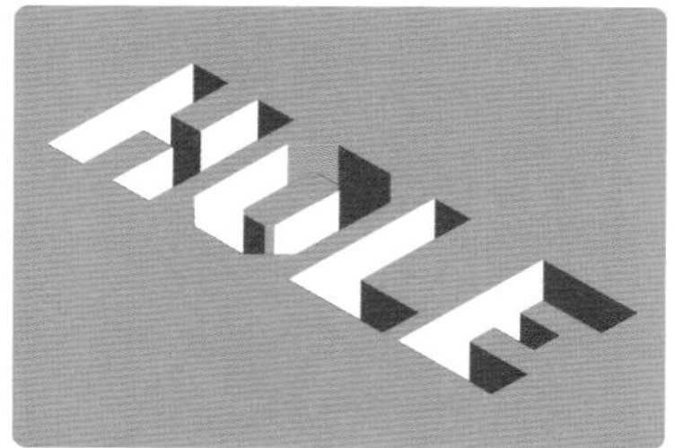

切り抜きを一番下に

アピアランスパネルで「切り抜き」を一番下に移動させて完成。

「切り抜き」は塗りの中ではなく、塗りの外に配置してね。

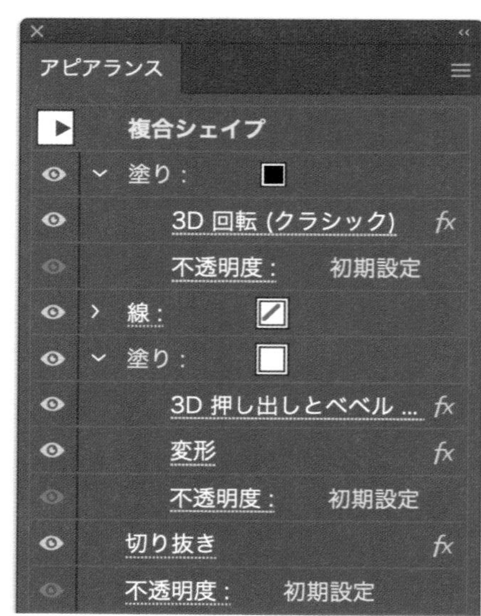

ヒント

効果 切り抜き

下の立体を、一番上のパスの形で切り抜くことで完成します。「線」が一番上になるとうまくくり抜けないので注意してください。

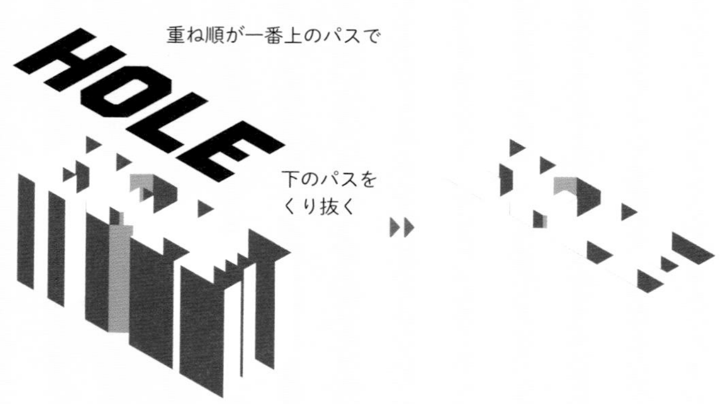

RECIPE
43

モコモコ波ライン

WAVE

LINE

最後の 2つのレシピはかなり上級者向けです。オブジェクトの輪郭の一部だけを抽出するアピアランス技をご紹介。

動画でも解説！

STEP 1

WAVE

 T

文字を用意

作例は Adobe Fonts の Fairwater Sans Bold の 150 pt。

STEP 2

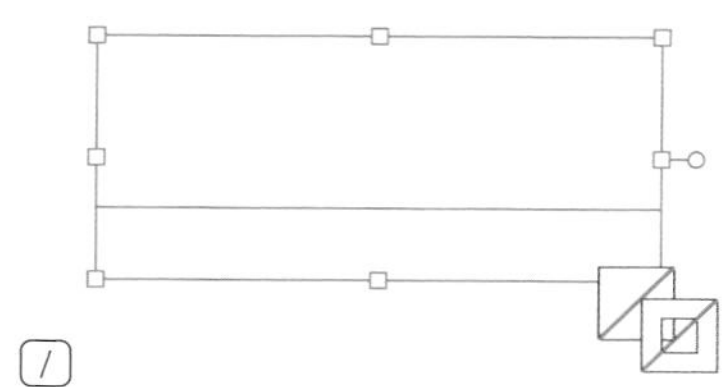

/

塗りと線の色をなしに

文字の塗りと線の色を一度なしの状態に。

STEP 3

新規塗りと線を追加

アピアランスパネルで新規塗りと線を追加し、色を変更する。

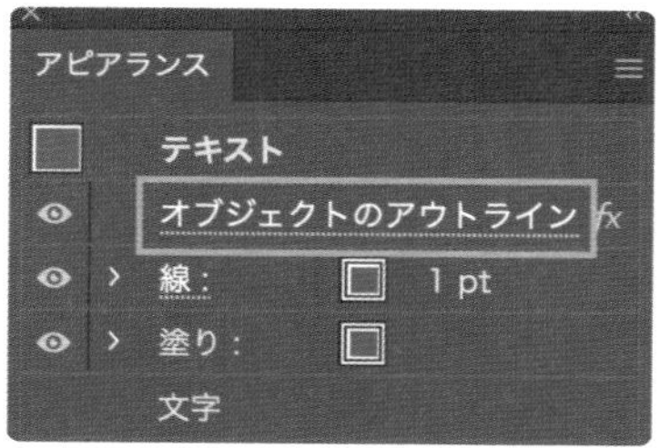

オブジェクトのアウトライン

効果＞パス＞オブジェクトのアウトライン を適用。

STEP 5

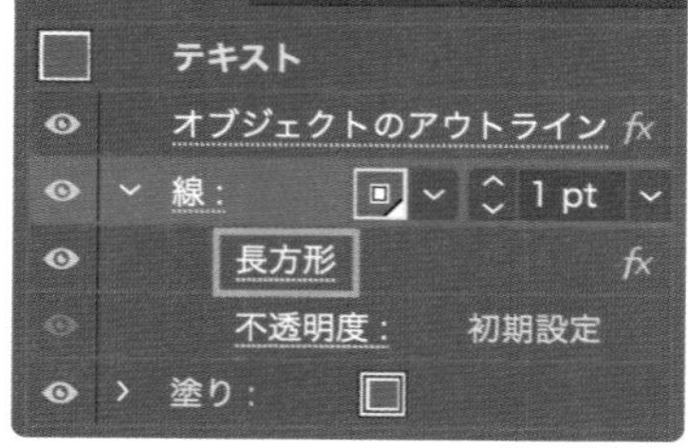

線に 効果 長方形 を適用

線を選択し **効果＞形状に変換＞長方形** を適用。

NEXT

文字に少しかかるくらいに

幅を0に、高さをマイナスに

幅に追加を0に、高さに追加をマイナスの数値にしてOK。 ヒント

効果 長方形

サイズは「値を追加」のまま、幅に追加は 0 に、高さに追加は長方形の線が文字の上下に少しかかるくらいのマイナスの数値にしてください。効果の数値はアピアランスパネルから修正できるので、大体同じ見た目になれば大丈夫です。一通り作業を進めてから微調整してください。

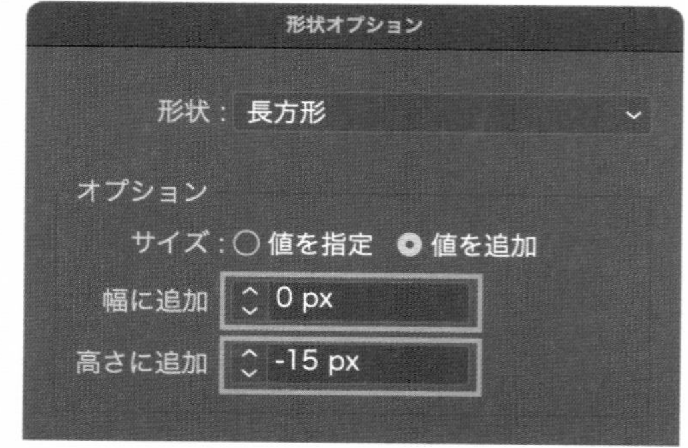

STEP 7

線の中に 効果 変形 を適用

効果＞パスの変形＞変形。垂直を0%に縮小、基準点を下に。ヒント

STEP 8

線幅を大きく、丸型線端に

線パネルから線幅を大きくし、線端を丸型線端に変更。

STEP 9

線分0の破線に

破線をチェックし、線分を0に、間隔を線幅より一回り小さな数値に。

STEP 10

破線の先端を整列

破線の右側の「コーナーやパス先端に破線の先端を整列」を選択。

STEP 11

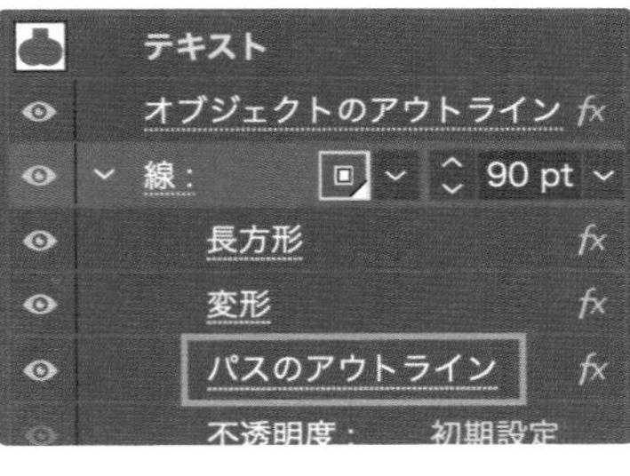

線に 効果 パスのアウトライン

線を選択し**効果＞パス＞パスのアウトライン** を適用。

STEP 12

NEXT

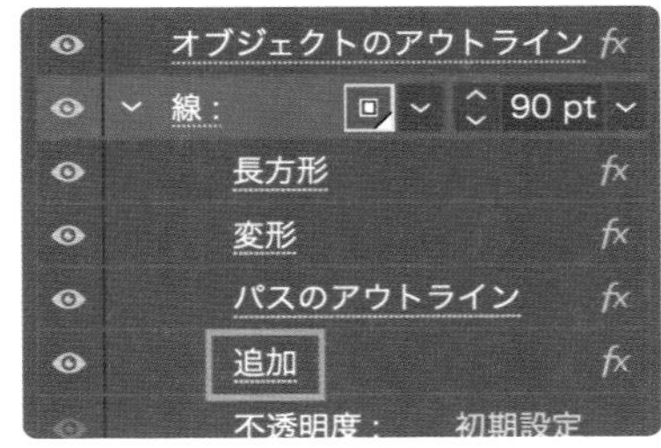

線の一番下に 効果 追加

効果＞パスファインダー＞追加 を適用し、線の中の一番下へ移動。

四角形を線に変形

テキストに追従する直線を描く効果は今のところありませんが、効果 長方形 で描いた線の四角形を効果 変形 で高さを0%に縮小すると直線のような見た目になります。

STEP 13

見た目はほぼ変化なしでOK

STEP 14

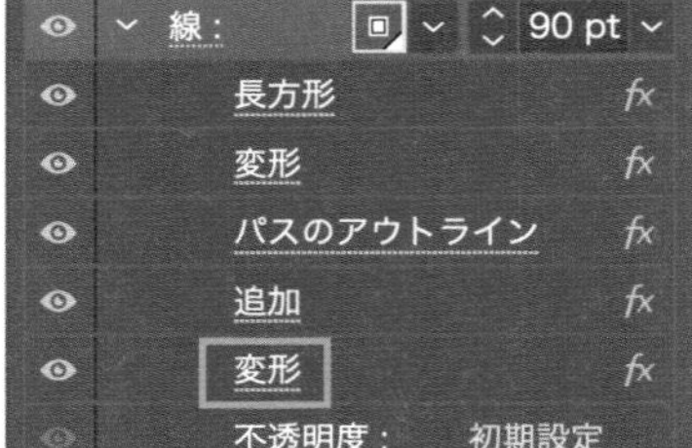

STEP 15

やっぱり見た目は変化なしでOK

効果 変形 で下に移動コピー

効果＞パスの変形＞変形 で移動の垂直を0.1pxに、コピーを1に。ヒント

「変形」を「追加」の下へ

手順13の「変形」を「追加」の下へドラッグで移動。

効果 前面オブジェクトで型抜き

効果＞パスファインダー＞前面オブジェクトで型抜き を適用。

STEP 16

NEXT

「前面～」を線の一番下へ

「前面オブジェクトで型抜き」を線の中の一番下へドラッグで移動。

この時点でのアピアランスはこんな感じです。

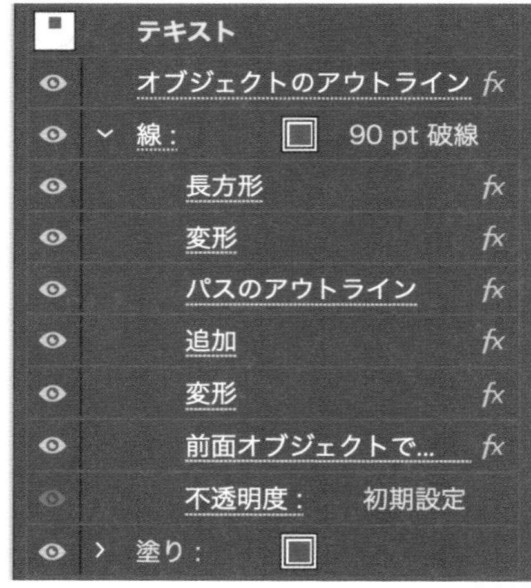

ほんのわずかに移動コピー

効果 変形 で視認できないくらい小さく下に移動し、コピーを1にします。すると元のパスとは別に若干位置がずれたコピーが作成され、それらを手順16のパスファインダーで処理することで、ずれた部分だけが残った状態になります。

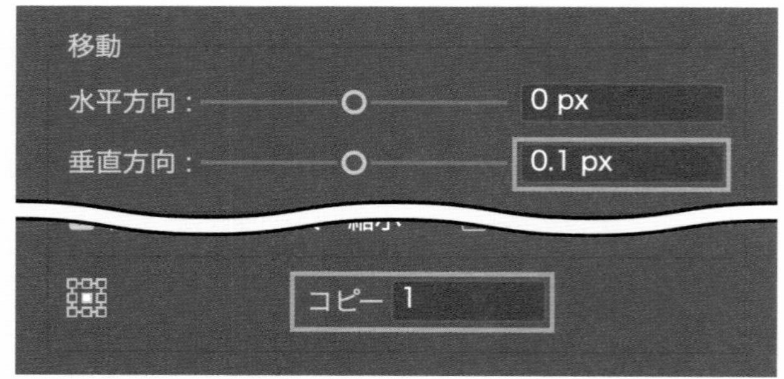

STEP 17

形は崩れて大丈夫です

効果＞パス＞パスのオフセット

オフセットの数値を0.03などごく小さな数値で適用。

STEP 18

両端と中間の波の高さが揃うくらいに

オフセットを線の中の一番下に

「パスのオフセット」を線の中の一番下へ。数値を微調整する。

STEP 19

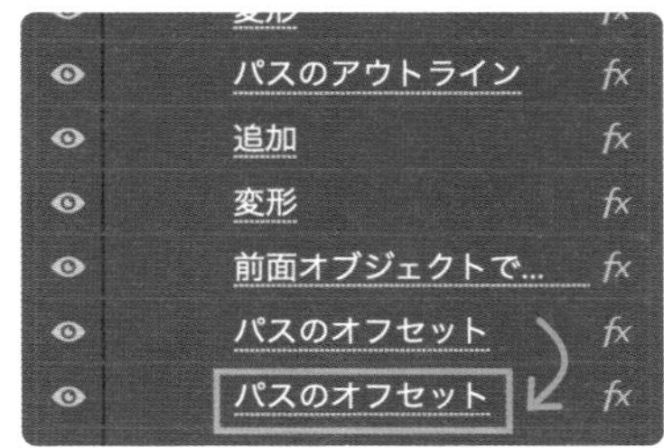

パスのオフセットをコピー

「パスのオフセット」をOption（Alt）+ドラッグ で下へコピー。

STEP 20

下のパスのオフセットを調整

小さめのプラスの数値に、角の形状をラウンドにして完成。ヒント

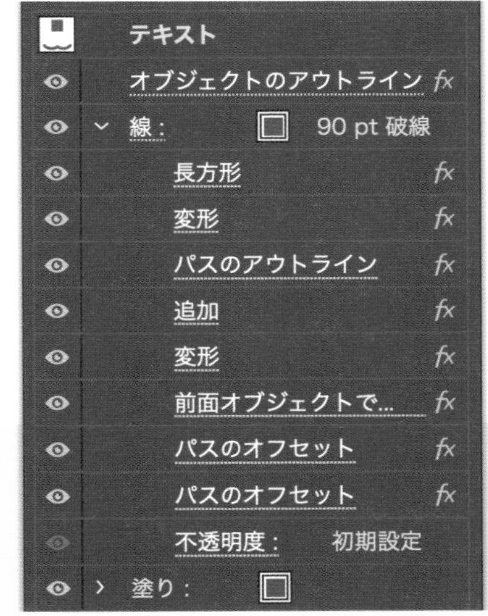

パスのオフセットの「角の形状」

効果 パスのオフセット の角の形状を変更すると、パスの角や線端の形状が変化します。

マイター（デフォルト）だと角や線端が尖る

ラウンドは角が全てまる丸くなる

ベベルは線端は尖り、角は切り落とされる

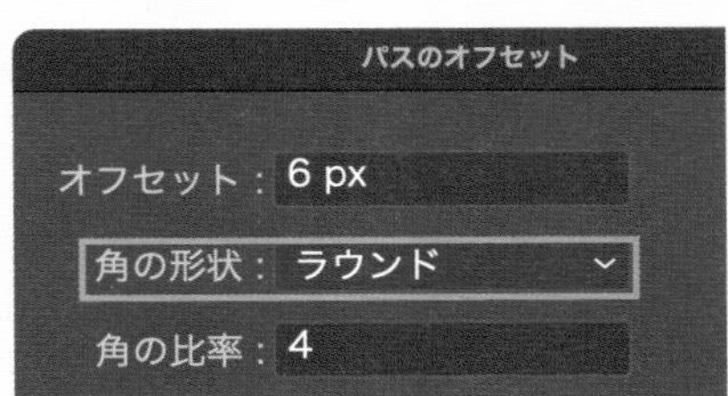

アピアランス技の仕組み

前ページのレシピの「テキスト追従アピアランス」と「輪郭の一部を抽出するアピアランス」について解説します。

テキスト追従アピアランス

効果はオブジェクトの形状が変化する度に見た目が再計算されます。そのため文字に効果 長方形などを適用すると、文字を打ち替える度に長方形のサイズも合わせて変化します。テキスト追従などと呼ばれるアピアランス技の定番テクニックです。右のQRコードの動画や前作『イラレのスゴ技』を参考に挑戦してみてください。

Adobe Illustrator

Adobe

参考動画

輪郭の一部を抽出するアピアランス

効果 変形 でパスを視認できないくらい小さくずらし、ずらした部分をパスファインダーで残し、オフセットで形状や太さを整えてできます。

手順13の効果 変形 で
移動コピー

手順16の効果
前面オブジェクトで型抜き

手順18のパスの
オフセットで
尖りすぎた部分を調整

手順20のパスの
オフセットで太らせる

RECIPE

44

マスキングテープ

Masking tape

Appearance

パスをランダムにギザギザにする効果といえば「ラフ」ですが、特定の方向にだけ適用したい場合は「ランダム・ひねり」を組み合わせます。

動画でも解説！

STEP 1

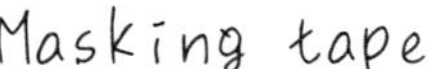

T T

文字を用意

作例は Adobe Fonts の TA恋心 の 40 pt。

STEP 2

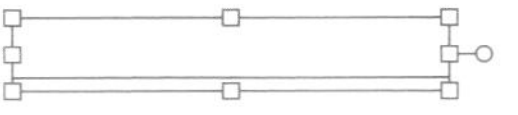

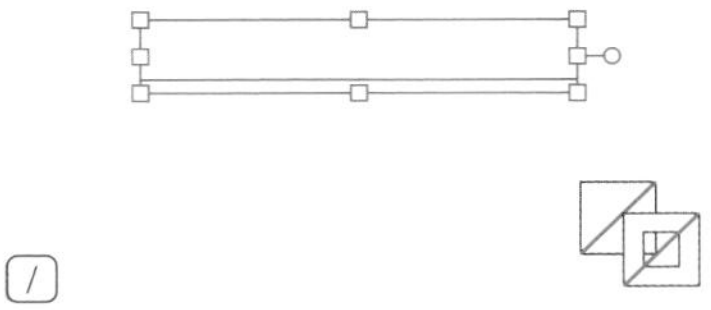

/

塗りと線の色をなしに

文字の塗りと線の色を一度なしの状態に。

STEP 3

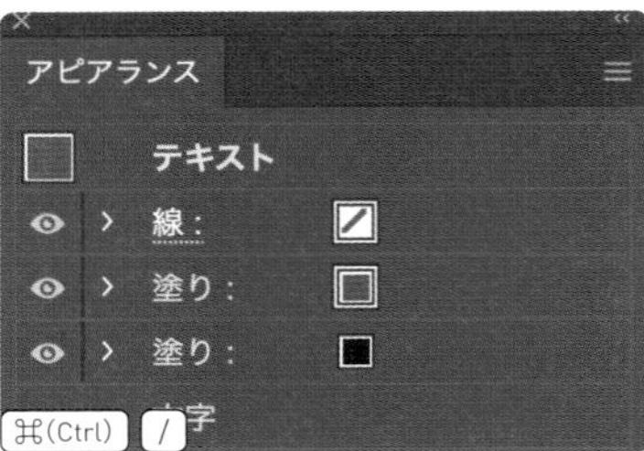

新規塗りを2つ追加

アピアランスパネルで新規塗りを2つ追加し、上の塗りを文字の色に。

STEP 4

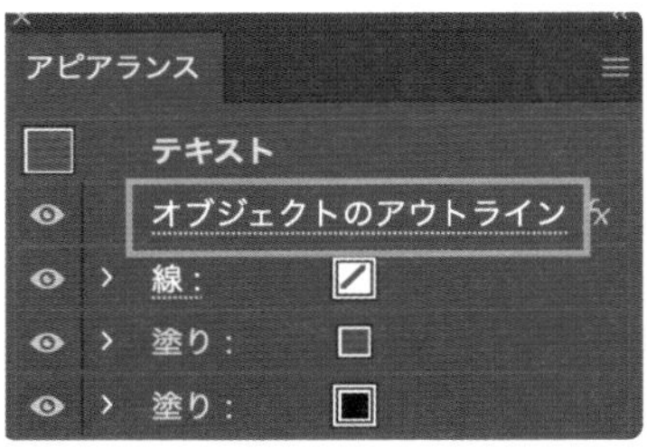

オブジェクトのアウトライン

効果＞パス＞オブジェクトのアウトライン を適用。 ヒント

STEP 5

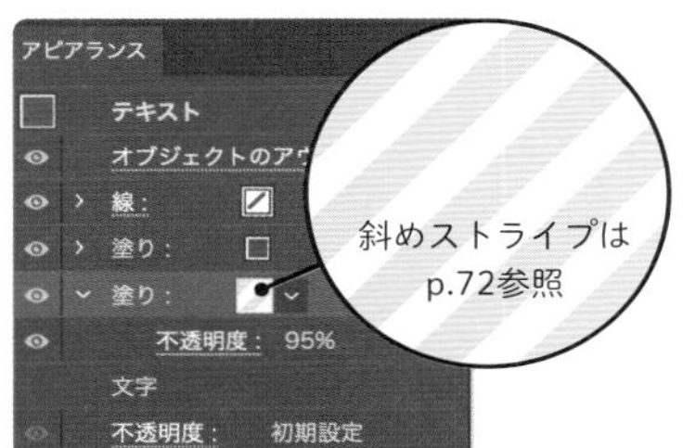

下をパターンに、少し透明に

下の塗りをパターンに変更し、塗りの中の不透明度を少しだけ下げる。

STEP 6

NEXT

Masking tape

下の塗りに 効果 長方形

効果＞形状に変換＞長方形 を幅の数値を大きめに設定。

ヒント

オブジェクトのアウトラインの意味は？

効果 長方形 はバウンディングボックスの大きさを基準にしています。そのため文字の場合はアウトライン前と後でボックスの大きさが変化し、意図せず形状が崩れてしまう事故が発生します。それを防止するため、オブジェクトのアウトラインで文字を「アウトライン化したことにする」と、バウンディングボックスのサイズの変化を防止することができます。

効果 オブジェクトのアウトライン無しで作った場合

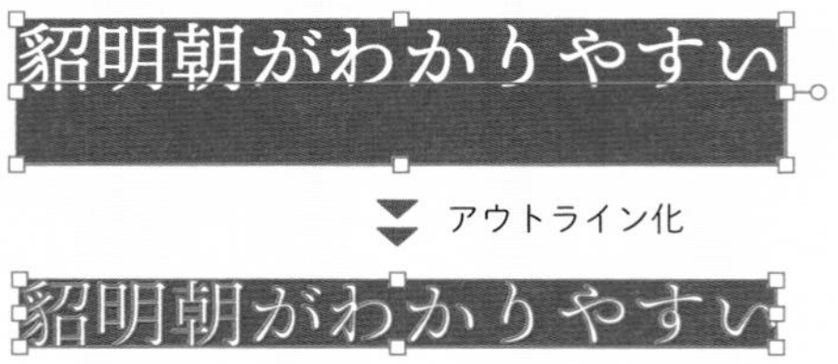

アウトライン化

貂明朝がわかりやすい

STEP 7

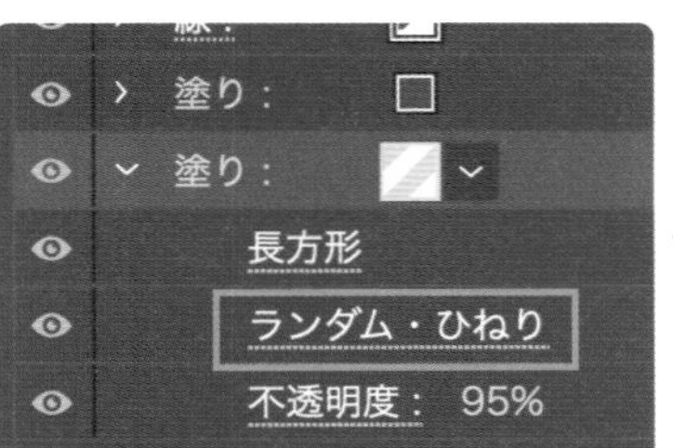

塗りに 効果 ランダム・ひねり

塗りを選択し**効果＞パスの変形＞ランダム・ひねり** を適用。

STEP 8

Masking tape

入力値で水平を大きめに

「入力値」で水平を大きめに。「アンカーポイント」を選択。ヒント

STEP 9

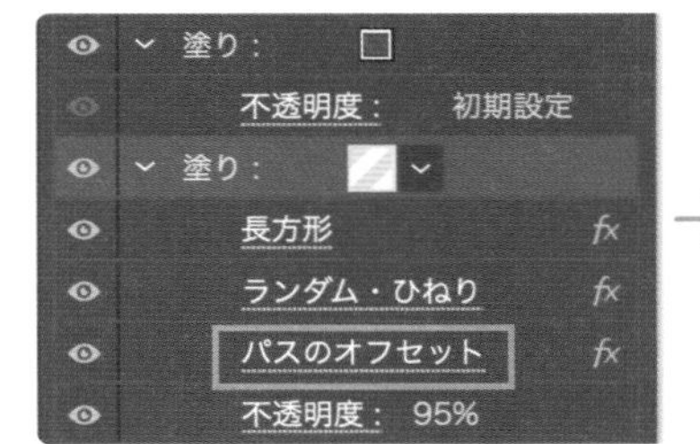

塗りに 効果 パスのオフセット

塗りを選択し**効果＞パス＞パスのオフセット** を適用。

STEP 10

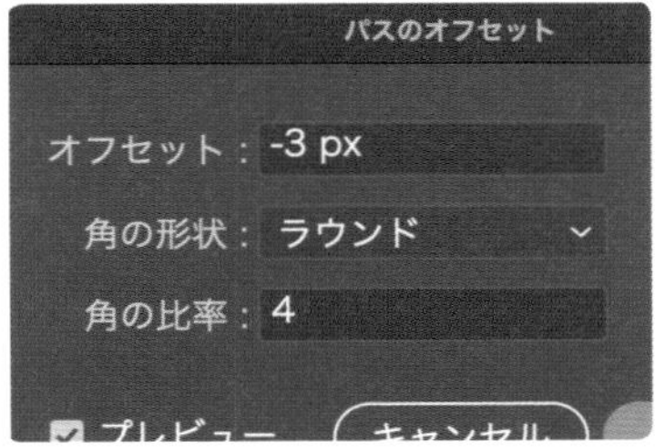

マイナスの数値をラウンドで

オフセットをごく小さなマイナスの数値で、角の形状をラウンドで。

STEP 11

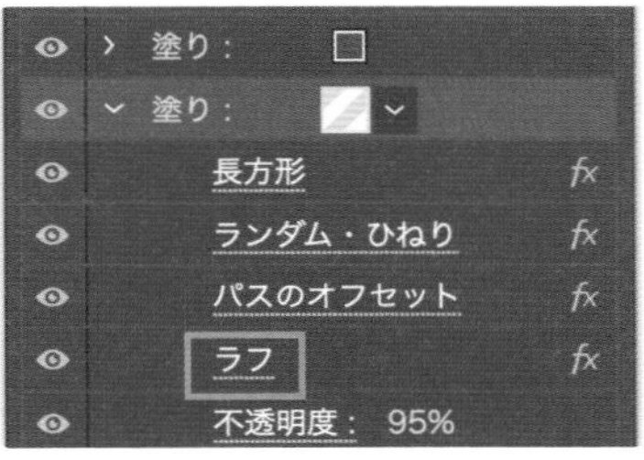

塗りに 効果 ラフ

塗りを選択し**効果＞パスの変形＞ラフ** を適用。

STEP 12

NEXT

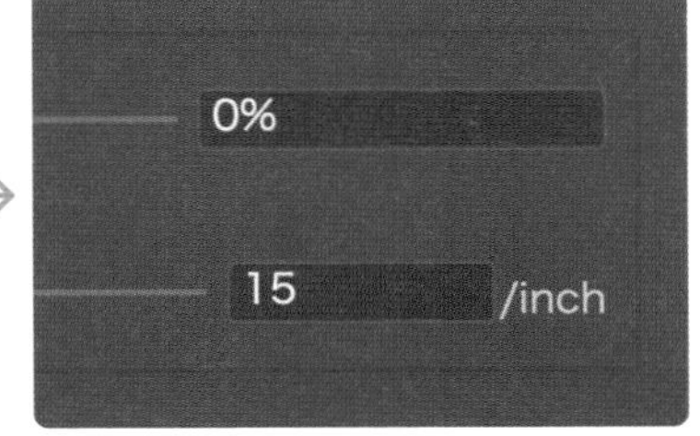

サイズを0に

サイズを0%にし、詳細はこの時は適当に。ポイントはどちらでも良い。

ヒント

効果 ランダム・ひねり（1）

ランダム・ひねりは水平方向への変化と垂直方向への変化を分けて適用できるため、横方向だけ強く、縦方向は微弱に変形させています。また、今回はコントロールポイント、つまりハンドルは変形させず、アンカーポイントのみを変形の対象にしています。

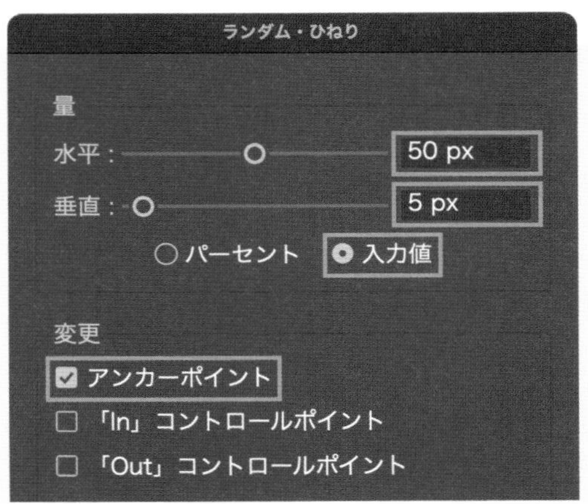

STEP 13

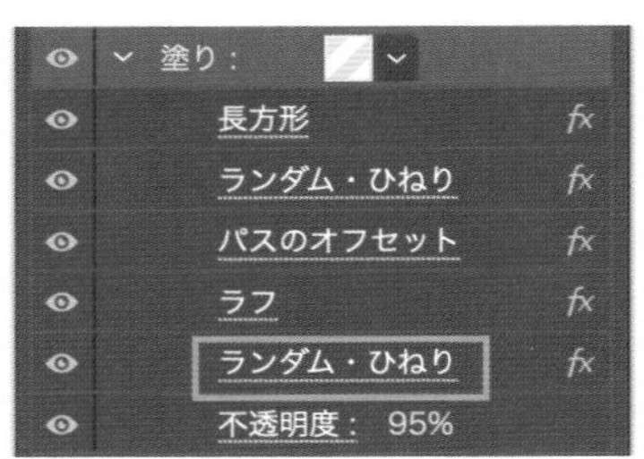

線に 効果 ランダム・ひねり

線を選択し**効果＞パスの変形＞ランダム・ひねり** を適用。

STEP 14

水平を小さく、垂直を0に

「入力値」で水平を小さな数値に、垂直を0に。 ヒント

STEP 15

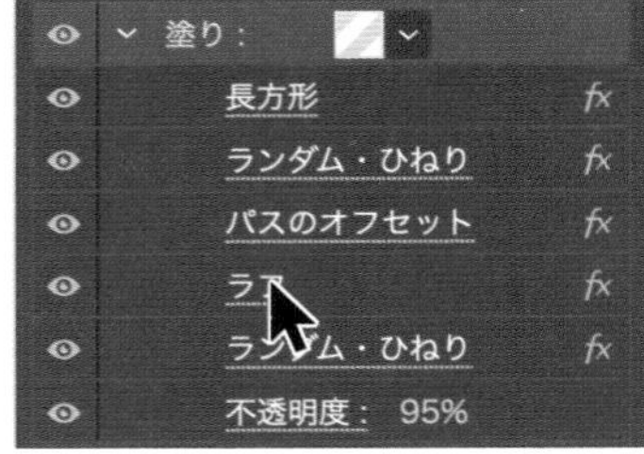

ラフの「詳細」を微調整

必要であれば「ラフ」をクリックし「詳細」でギザギザの数を調整。

STEP 16

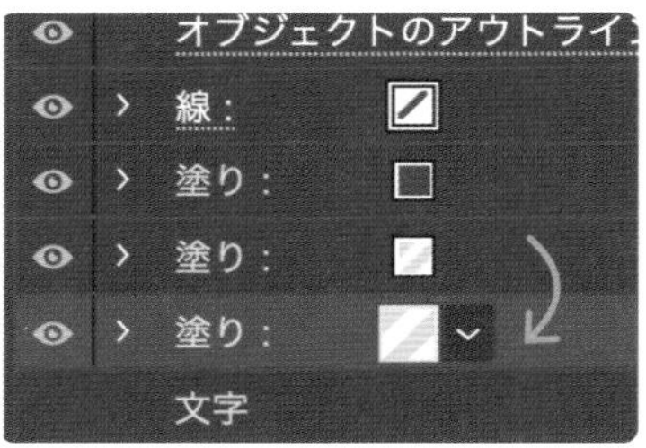

パターンの塗りを複製

パターンを適用した塗りを Option（Alt）＋ドラッグ で複製。

STEP 17

ドットパターンは p.68参照 NEXT

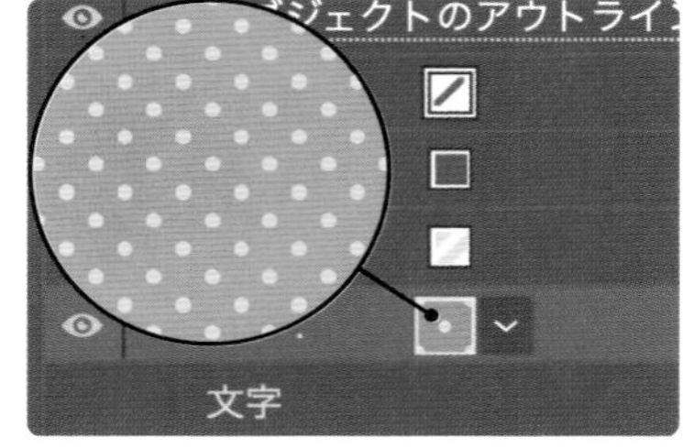

別のパターンに変更

下の塗りを別のパターンスウォッチに変更。

手順16からは背面のマステの制作です。
Masking
こっち

ヒント

効果 ランダム・ひねり（2）

ランダム・ひねりはあくまでアンカーなどを移動させるだけなので、パスを細かくギザギザにするといった加工はできません。なので手順11のラフでアンカーポイントをたくさん追加し、それをランダム・ひねりで水平方向のみランダム移動させています。

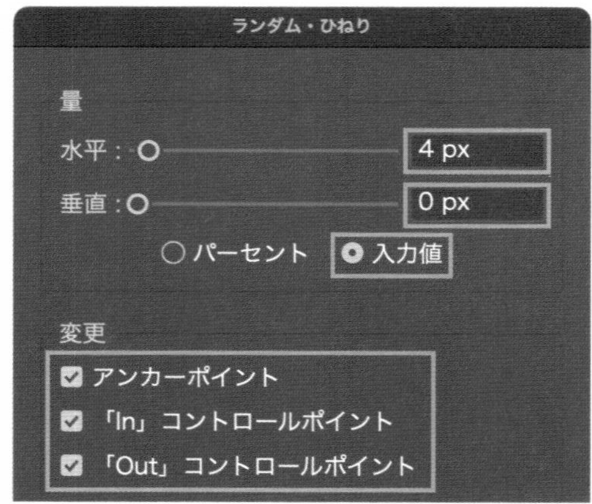

STEP 18

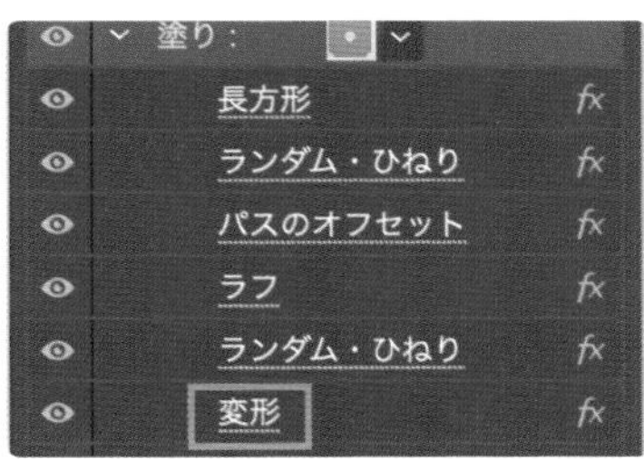

下の塗りの中に 効果 変形

下の塗りを選択し**効果＞パスの変形＞変形** を適用。

STEP 19

Masking tape

ランダムで移動

移動の数値を好みで入力し「ランダム」をオンに。ヒント

STEP 20

NEXT

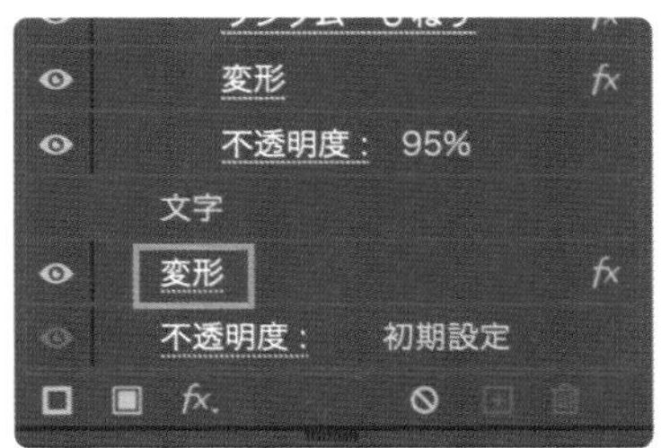

一番下に 効果 変形 を適用

「テキスト」を選択し**効果＞パスの変形＞変形** をもう一度適用。

一番大きく移動した場合はここかな、というあたりまで移動の設定をしてから「ランダム」にチェックすると良いですよ。

ランダムで変形

「ランダム」にすると各種変形の数値を最大値としたランダムな数値で変形が適用されます。このオブジェクト単体であればランダムにする必要はないのですが、後述するグラフィックスタイルを活用して複製する場合、1つずつ移動や角度がランダムに変化させることができます。

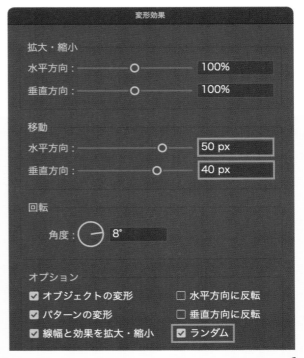

変形効果

拡大・縮小
水平方向： 100%
垂直方向： 100%

移動
水平方向： 50 px
垂直方向： 40 px

回転
角度： 8°

オプション
☑ オブジェクトの変形　☐ 水平方向に反転
☑ パターンの変形　☐ 垂直方向に反転
☑ 線幅と効果を拡大・縮小　☑ ランダム

STEP 21

全体を少し回転

回転を入力し、ランダムにチェックして完成。ヒント

オブジェクトを直接回転させると表示が崩れてしまいます。効果 変形で回転させるか、アピアランスを分割しましょう。

こうなる

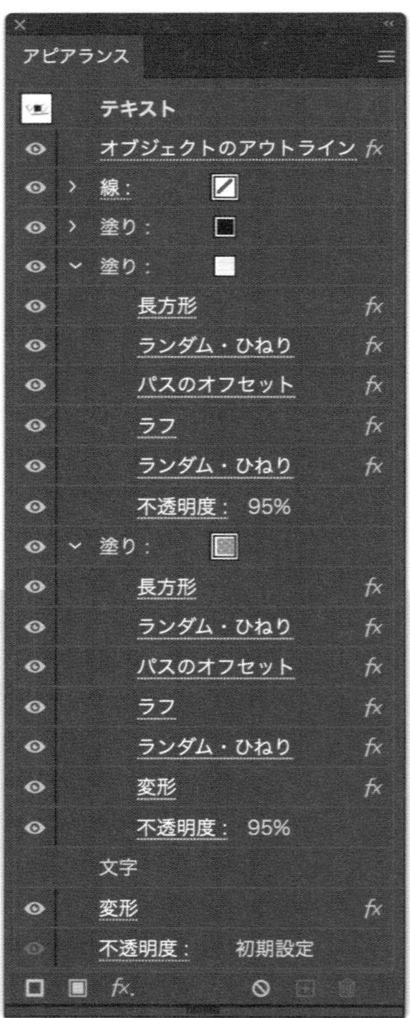

効果で回転させる意味

文字を打ち替えても 効果 長方形がそれに合わせて形状を変えるのと同様に、オブジェクトを直接回転させても回転した後のオブジェクトのサイズに合わせて 効果 長方形 が適用されます。形状を崩さずに回転させるには、効果 変形 の回転を使用しましょう。

グラフィックスタイルを使おう

作成したアピアランスはグラフィックパネルに登録することで、簡単に他のオブジェクトに適用することができます。

グラフィックスタイルに登録

アピアランスを適用したオブジェクトをグラフィックパネルにドラッグ＆ドロップすると、パスの形状を除いたアピアランスの情報のみがパネルに登録されます。

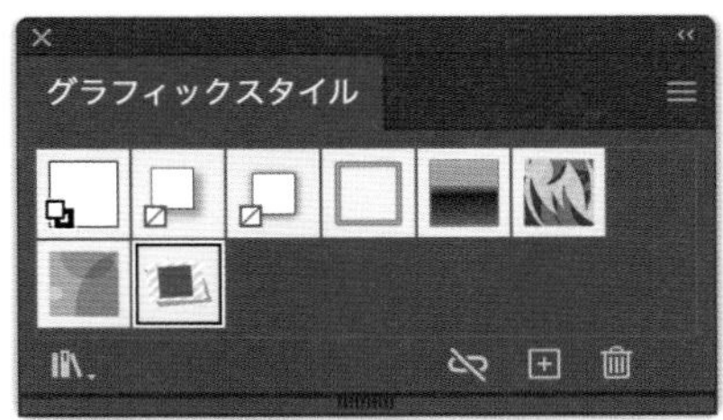

オブジェクトに適用

文字をいくつか用意して全選択し、登録したグラフィックスタイルをクリックして適用してください。登録したアピアランスが適用され、そのうち 効果 変形 でランダムに設定した項目はそれぞれ別の数値に変化します。

グラフィックスタイルを修正

アピアランスの内容を修正し、Option（Alt）を押しながら登録したスタイルの上にドラッグ＆ドロップすると、スタイルの内容を上書きできます。上書きしたスタイルを適用していたオブジェクトも一括で修正されます。

ツールガイド

ツールバーのツールの場所がわからなくなった時にどうぞ。

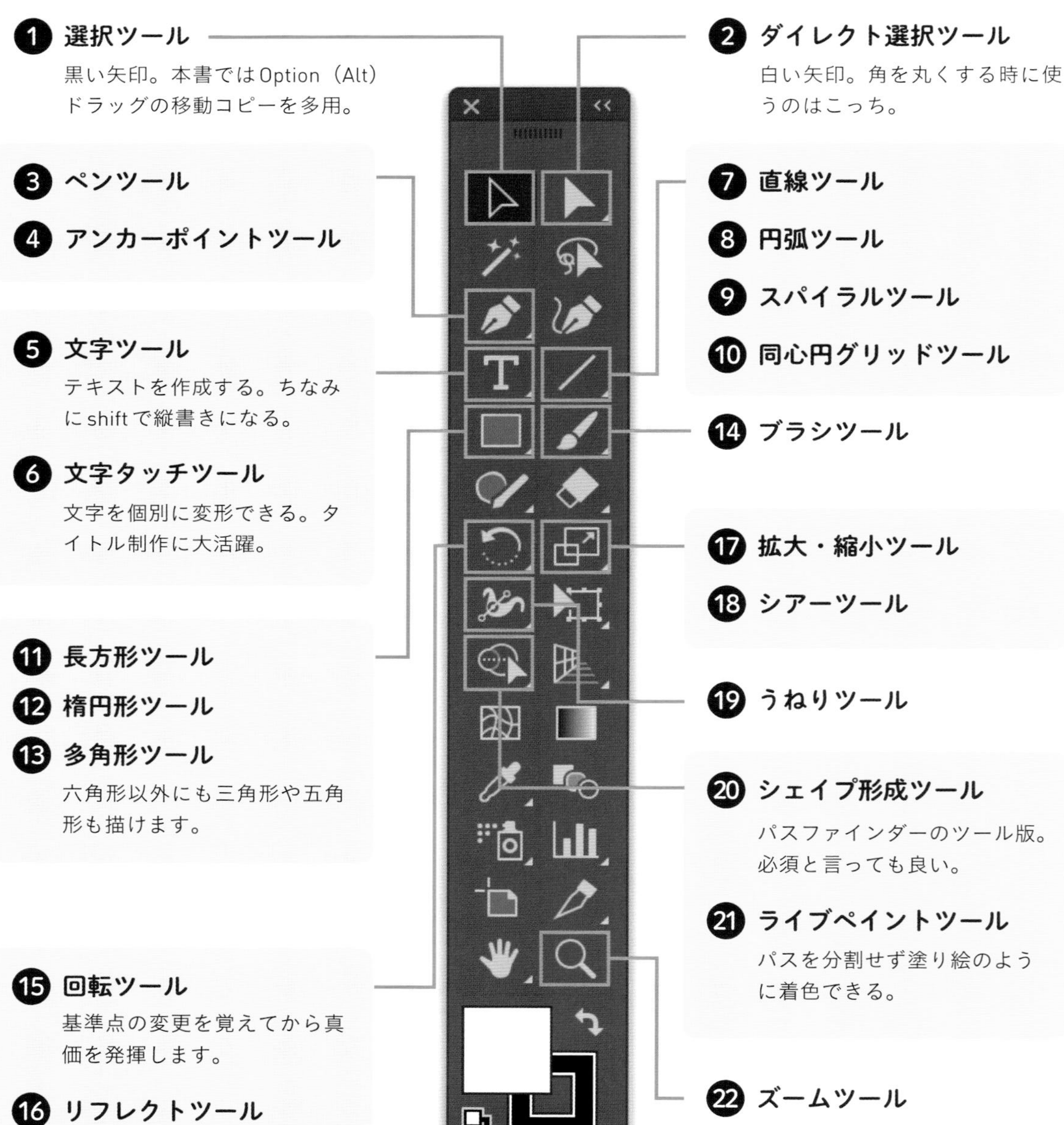

❶ 選択ツール
黒い矢印。本書ではOption（Alt）ドラッグの移動コピーを多用。
❷ ダイレクト選択ツール
白い矢印。角を丸くする時に使うのはこっち。
❸ ペンツール
❹ アンカーポイントツール
❺ 文字ツール
テキストを作成する。ちなみにshiftで縦書きになる。
❻ 文字タッチツール
文字を個別に変形できる。タイトル制作に大活躍。
❼ 直線ツール
❽ 円弧ツール
❾ スパイラルツール
❿ 同心円グリッドツール
⓫ 長方形ツール
⓬ 楕円形ツール
⓭ 多角形ツール
六角形以外にも三角形や五角形も描けます。
⓮ ブラシツール
⓯ 回転ツール
基準点の変更を覚えてから真価を発揮します。
⓰ リフレクトツール
⓱ 拡大・縮小ツール
⓲ シアーツール
⓳ うねりツール
⓴ シェイプ形成ツール
パスファインダーのツール版。必須と言っても良い。
㉑ ライブペイントツール
パスを分割せず塗り絵のように着色できる。
㉒ ズームツール

ツールバー五十音順

※本書で使用しているもののみ

ツール名	ショートカット	番号
アンカーポイントツール	shift + C	4
うねりツール		19
円弧ツール		8
回転ツール	R	15
拡大・縮小ツール	S	17
シアーツール		18
シェイプ形成ツール	shift + M	20
スパイラルツール		9
ズームツール	Z	22
選択ツール	V	1
ダイレクト選択ツール	A	2
楕円形ツール	L	12
多角形ツール		13
長方形ツール	M	11
直線ツール	¥	7
同心円グリッドツール		10
ブラシツール	B	14
ペンツール	P	3
文字タッチツール	shift + T	6
文字ツール	T	5
ライブペイントツール	K	21
リフレクトツール	O	16

索引

ツールバーは「詳細」が前提です。ツールバーの切り替え方法は、p.6を参照ください。
また、効果の索引は、p.204からまとめています。